# 女礼服立体裁剪

葛英颖 主编

张家芯 陈佳 王式竹 副主编

东华大学出版社·上海

全国服装工程专业（技术类）精品图书

纺织服装高等教育「十二五」部委级规划教材

U0377626

## 内 容 提 要

本书主要讲解如何运用立体裁剪技术进行女礼服设计与制作的方法的设计与制作的方法。内容包括礼服概述,礼服立体裁剪基础,礼服造型中的省道与分割线,礼服立体塑形艺术手法,以及昼礼服、晚礼服、婚礼服和创意礼服的立体造型实例与分析等。编写中采取了由部位到整体、由原理到应用、由设计到创意的原则,旨在引导学习者运用立体的观念来解读礼服造型、结构变化及其与人体之间的关系。

**图书在版编目(CIP)数据**

女礼服立体裁剪 / 葛英颖主编. —上海:东华大学出版社,2015.7

ISBN 978 - 7 - 5669 - 0776 - 9

Ⅰ.①女… Ⅱ.①葛… Ⅲ.①女服—立体裁剪—中等专业学校—教材 Ⅳ.①TS941.717

中国版本图书馆 CIP 数据核字(2015)第 085814 号

**责任编辑:**张 煜
**封面设计:**潘志远

# 女礼服立体裁剪

**葛英颖 主编**

**张家芯 陈 佳 王式竹 副主编**

出 版:东华大学出版社(地址:上海市延安西路1882号)
邮 政 编 码:200051 电话:(021)62193056
出版社网址:http://www.dhupress.net
天猫旗舰店:http://dhdx.tmall.com
发 行:新华书店上海发行所发行
印 刷:苏州望电印刷有限公司
开 本:787 mm×1092 mm 1/16
印 张:17.75
字 数:445千字
版 次:2015年7月第1版
印 次:2015年7月第1次印刷
书 号:ISBN 978 - 7 - 5669 - 0776 - 9/TS·603
定 价:48.50元

随着人们生活水平的提高和社会文化的发展,礼服作为重要社交场合穿着的服装,在我国都市女性中悄然兴起。着礼服参加庆典、宴会,既表现了对他人的尊重,也是自身素养、格调和审美趣味的集中体现。

服装立体裁剪技术也称服装结构立体构成,是设计和制作女性礼服的重要技术方法之一。在 20 世纪 80 年代,我国部分高校将其作为一门课程从国外引入到教学中。近三十年来,立体裁剪从引进、融合到应用、推广,现已成为我国服装行业技术与教学体系中重要的组成部分,并成为高等院校服装专业的核心课程。由于立体裁剪是采用立体造型分析的方法来确定服装衣片的结构形状,以个性化的美学观点审视、构思服装结构的设计过程,具有其他服装裁剪方法工艺手法所无法比拟的优势,因而适应了当代女性礼服所呈现的个性化、时尚化的发展趋势,从根本上解决了单一的平面裁剪技术难以解决的技术问题尤其适用于服装造型极富立体感,很难将其展开为平面版型的礼服。

本教材吸取当今国内外服装立体造型理论与实践中的有益经验。首先,从礼服立体裁剪基础,礼服造型中的省道与分割线,以及礼服立体塑形艺术手法进行系统的讲解;其次,将礼服按类别分成昼礼服、晚礼服、婚礼服和创意礼服几个部分,从女性礼服创新设计的角度对礼服的审美及其立体造型方法进行详细的分析和案例讲解,既拓展了立体裁剪的应用领域,又启发和提升了学生的艺术鉴赏能力和创新能力,实现了立体与平面、艺术与技术的真正结合。

本教材第一章由张家芯、葛英颖编写,第二章由葛英颖、王芳、孟小愉编写,第三章由张家芯、葛英颖编写,第四章由葛英颖编写,第五章由陈佳、葛英颖编写,第六章由王式竹编写,第七章由马艳红编写,第八章由葛英颖、王芳、孟小愉编写。 全书由葛英颖任主编,并负责统稿,张家芯、陈佳、王式竹任副主编。学生作品由吉林动画学院服装专业学生提供。

　　本教材经多次修改、易稿，结合多年的教学和实践经验编写而成，力求为读者提供全面和有效的指导。但由于编写时间和制作条件的限制，教材中难免存在不妥之处，敬请同行、专家们给予批评指正。

作者

2015 年 3 月

第一章

# 女礼服概述

# 第一节　女礼服的发展源流及设计风格

## 一、女礼服的发展源流

### （一）礼服的概念演化

礼服，根据《辞海》中的比较公认的定义是"在某些重大场合上参与者所穿着的庄重而且正式的服装"，如图 1-1-1 所示文艺复兴时期礼服。

礼服在分类上并没有权威资料予以严格的界定，如：根据穿着场合隆重与否，分为正式、非正式、略正式；根据穿着者职业性质区分，分为军礼服和各种职业装等；根据穿着时间又可分为昼礼服、晚礼服等，这是目前比较原则的区分，而从属于这种区分之下的更小分支又有如酒会礼服和婚礼服等，如图 1-1-2 所示 Alexander McQueen 作品。这种分类依然属于民间的分类方式，并没有准确严格的定位标准。

图 1-1-1　　　　　　　　　　　　　　图 1-1-2

从大量史料研究和现实分析，男性礼服更加历史久远，分类广阔，款式繁多，如图 1-1-3 所示为文艺复兴时期男礼服。而女性礼服由于种种历史原因并未得到应有的重视和发展。但是女性礼服的设计风格及造型、面料、色彩、配饰等等和男性礼服是截然不同的，这也更加突出了女性礼服的属性和职能更需要紧紧结合女性的特点进行继承和创新。

### （二）礼服的发展历史

礼服在设计中包含了身份、地位、品味、教养等许多无形语言。从历史上看，不同

(1)

(2)

图 1-1-3

的语言有着不同的积淀。随着时代不同，文化也随之进行变更，语言也要相应进行变更。唐宋之际的八大家们存有"古文""今文"之争，可见语言变化之激烈。同样服装语言也必然要进行变更——这也是服饰文化历史发展的必然结果。而每一项这样的变更也是一个新时代对于旧时代的革新。因此服饰文化是以人文、政治、经济、历史、文化发展为依据进行的发展。

### 1. 古代礼服初探

中国最早的"礼服"可以追溯至夏商时期，那时期的冠服制度已初步建立，相对于原始社会的"茹毛饮血，草衣兽皮"无疑是巨大进步，如图 1-1-4 所示的夏商周人形陶俑。但限于文献记载的阙如，我们对当时的礼服知之不多。但可以确定的是，在春秋战国之际，儒家学者编纂的《三礼》——周礼、仪礼、礼记，便已经把服饰纳入了庞大繁杂的礼治体系中了。如"缁衣"、"王制"、"玉藻"、"丧服篇"都有大量论述。《三礼》首先着重强调的是服饰规范的重要性。比如《冠义》说："……冠者，礼之始也……"《王制》中："六礼之首是冠……八政之二是衣服……"甚至衣服制度由国家来定，违反的要受处罚："……天子五年一巡守，同律礼乐制度衣服，正之……革制度衣服者，为畔……"

《三礼》重点强调服饰的等级观。如"玉藻篇"说："君衣狐白裘，锦衣以裼之。士不衣狐白。君子狐青裘豹袖，玄绡衣以裼之……锦衣狐裘，诸侯之服也……""古之君子必佩玉。""……为人子者，父母存，冠衣不纯素。孤子当室，冠衣不纯彩。"除此以外，《三礼》对于不同场合服饰的变易、尺寸、颜色、佩饰、穿衣服的程序，都有着极其繁杂的论述。对服饰颜色随季节变迁及当时四方之民乃至夷狄的穿衣民俗也有论述（图 1-1-5），是一部中国先秦时代服饰的百科全书。

图 1-1-4                                                      图 1-1-5

书中详细论述了从冠到服的礼服款式风格，玄端、禕冕、皮弁的式样，袪、袵、袂的部位尺寸，最重要的核心思想是等级，因此从考古、文献、图卷中勾勒出的先秦礼服，无论男女，都会一眼看出等级森严的身份。也就是从"周礼"等级确立开始，中国数千年古代社会直到近代社会的礼服设计，虽然有了不断的发展创新，但是就等级来说却不能越"雷池一步"了。

### 2. 秦汉之后的礼服发展

秦汉之后的历代宫廷官府乃至民间的各式礼服，具体的描述要在历朝史书上记载的《舆服志》中进行研究，那里详细记载着朝廷官场的礼仪服制。其中皇室、帝王、皇后、嫔妃、公主、皇子的冕服以及文武百官的冠服均是历史上的各式礼服。

这些礼服的款式、面料、尺寸、服饰等等的设计，虽然有过赵武灵王胡服骑射、五胡十六国以来隋唐胡服装、满族服装、蒙古服装等多个少数民族服饰特色的掺杂，但是总体上还是继承着上古儒家经典"三礼"文化的传统，如图 1-1-6 所示。

(1)                                                      (2)

图 1-1-6

### 3. 近代的女礼服设计

到了中华民国时期，民国政府元年就颁布了《服制》，规定正式场合男子以燕尾服（大礼服）、西服（小礼服）和长袍马褂为礼服，因受西风东渐的影响，西式服饰和西方礼仪正式步入中国人的生活。但是这都是刻意模仿或者刻板继承的产物，属于服装史上非常混乱的阶段。如图1-1-7民国时期礼服。

（1）　　　　　　　　　　　　（2）　　　　　　　　　　　　（3）

图1-1-7

之后以推翻两千年帝王专制为己任，建立三民主义的中华民国"国父"孙中山先生设计的中西合璧服装出现了，它就是男性的礼服——中山装（图1-1-8，1917年孙中山、宋庆龄合影）。女性礼服则定位为旗袍，那是中华民国政府1929年确定的国家礼服，这是属于近代以来国家确认的第一件女性专有的礼服（图1-1-9，宋美龄旗袍装）。

图1-1-8　　　　　　　　　　　　　　　　图1-1-9

旗袍的设计背景是在20世纪上半叶，民国初建清朝覆灭不久的这个特殊的历史时期，由民国服装设计师参考满族女性传统旗袍和西洋文化基础上设计的一种时装，这种时装在上海一出世就获得极大成功，被称为"海派旗袍""黄金时代文明新装"，如图1-1-10为身着"海派旗袍"的阮玲玉，图1-1-11为服装品牌"鸿翔"在上海百乐门舞厅举办时装表演会。当年很多上海滩时装杂志封面登载着身穿旗袍的美女，甚至流行海外，如图1-1-12。民国的旗袍吸纳了西式服装简洁的特点，衣身由长及足面缩短至小腿，腰部由直筒改为收腰式，袖子由宽大改成合体式。上世纪30年代末出现了富有中国特色的改良式旗袍，采用西式的裁剪结构，突出女性人体曲线特征，在门襟、领子、袖子、开衩等处进行多种款式变化，从而衬托出端庄、典雅、沉静、含蓄的东方女性美。因此，旗袍被认为是一种东西方文化糅合的杰作，对中国女性服饰文化具有象征意义。

图 1-1-10

图 1-1-11

(1)

(2)

图 1-1-12

　　总之，此时的礼服设计抛弃的是传统专制等级和男尊女卑的文化糟粕，开始向民主、开明、平等的现代社会文化过渡发展。虽然那时的中国历史远远达不到民主、开明、平等，但是在当时封建社会刚刚结束，礼教残余依然浓厚的时代，女性服装设计外露曲线的大尺度创新，无疑是女性对美的一种诉求抑或是渴求。

　　因此，可以说民国以来礼服设计最大的创新在于，服装语言顺应文化传承的发展，抛弃了过去的封闭、保守和等级等旧观念，向开放、融合、平等新观念进步。

### 4. 建国以后的女礼服设计

　　建国以后，一度社交礼服的概念日渐淡薄，即使在婚丧嫁娶等场合人们穿得也相当简单。全民的服装以蓝色、绿色、灰色充斥着社会生活，甚至这种服装区分不出性别，更不要说什么职业、地位，至于个人审美要求更是不能想象。这也是当时特殊时期、特殊文化导致的特殊形式。

　　直到改革开放，礼服的概念才重新回到中国人的日常生活中。随着人们精神需求的高涨和社交机会的增多，人们开始频繁出入于各种酒会、商务会餐、PARTY、婚礼，音乐会和歌剧也成为人们享受生活的一种方式。而相应的，对于出席这些场所的适宜服装——"礼服"的着装规则，也越来越受到人们的重视。因此也就形成了当代中国女礼服的重要市场和研究领域。如图 1-1-13 NE. TIGER 2012、图 1-1-14 NE·TIGER 2013、图 1-1-15 NE·TIGER 2014 高级定制华服。

图 1-1-13　　　　　　　　　　　　　图 1-1-14

　　综上所述，因为历史文化的不断传承，必然具有了各个时期不同风格礼服的创新。也许史书上没有记载当年的服装设计师们的创新风格和思路，但是一定清晰证明了历史（政治、经济、文化、思想，以文化作为最终载体）发展的必然，带来了这样的设计创新，也是服装语言的流变和创新。

（1）　　　　　　　　　　　　　（2）

图 1-1-15

## 二、女礼服设计现状及分析

从经济学的角度来讲，一个商品的价值高低主要看它的附加值的高低，是指除了商品本身自然属性，还要看附加在商品上面的技术、工艺、设计、品牌、文化方面的价值。就服装而言，除了满足人们蔽体御寒的属性，它的价值主要体现在设计、工艺、面料、款式、色彩等方面。这些方面的综合作用产生出特殊服装语言表达，特殊服装语言表达必然会引起人类心理的相应反映，才有相应的价值产生，价值的不断积累升华进而形成一个"不朽"的品牌。

中国礼服设计方面虽然还存在着与国际相比的较大差距，但是也涌现出一批优秀服装品牌和优秀服装设计师，如郭培、张肇达、兰玉、Vera Wang、NE-TIGER 等。如图 1-1-16 兰玉礼服定制、图 1-1-17 为 Vera Wang 单肩婚纱、图 1-1-18 为 NE-TIGER 华服设计。

这些服装设计师取得的成就，已经立足于中国走向了世界，充分体现了中国女性礼服设计方面取得的创新成果。这些成功经验

（1）　　　　　　　　　　（2）

图 1-1-16

都具有丰厚的文化传承、鲜明的思想表达和丰富内涵的服装语言，以及服务这些基础上的创新技术操作。

图1-1-17

图1-1-18

# 第二节　女礼服的创新设计

## 一、风格的定位

### （一）女礼服设计风格特征

服装设计风格指一个时代，一个民族，一个流派或一个人的服装在形式和内容方面所显示出来的价值取向、内在品格和艺术特色。服装设计风格是一种分类的手段，区分出自我的独特性，是艺术家个性、素养、文化和作品题材与时代条件客观统一的产物。只有确立了服装设计风格才能够把握住设计的大方向，从而指导服装设计操作。

20世纪20年代至50年代，由于对于过去的这些风格产生过很大的变革，抑或是创新，一度以满足人体生理需求的功能主义风格占为上风，这也是对于几千年来过分追求等级伦理等文化观念的一种突出个人个性新文化观念的回归。

现在却是"后现代主义思潮"为主时代。所谓后现代主义，根据西方学者研究起源于英国画家查普曼（Chapman）1870年举行的油画展，提出的"后现代油画"口号。从此这一名词广泛用于艺术界，已经成为对于后工业时代多元化信仰、多标准价值观、多方向审美的指导思想。在艺术设计上，表现在跨越国界、跨越时间对于一切设计成果兼收并蓄，都作为自己可以利用的资料，进行大范围、大视野的选择和突破。后现代主义是人类处在今天这个变革巨大、交流密切、动荡不安时代的一种文化思潮，即一切传统的、定式的东西都要被打破，继之以融合的甚至是前所未有的东西去代替旧的。后现代主义思潮在服装设计，包括女性礼服设计方面影响是巨大而深刻的，无论是风格还是色彩、面料、配饰都在影响着，甚至是左右着。

就女性礼服设计而言，一方面要正视接受后现代主义思潮的求新求变的思想和大视野、大范围的眼界；一方面也要理性对待这种求新求变。我们必须最终服务于中国女性礼服的职能和功能，只有把握好这些，中国女性礼服才会取得创新设计的成功。这也是我们创新要用后现代主义思潮去助力，但又不能受其左右而"变性"。如图 1-2-1 为现代服装设计师张肇达作品。

(1)                                  (2)

图 1-2-1

女礼服设计风格主要有古典、前卫、民族、中性、简约等。通常是以一种风格为主或两种及多种风格融合设计。设计风格是由形、色、质三种要素组成的。而成功的设计作品，无不是经过形、色、质的合理搭配，表现出服装语言特有的内涵，比如大气、昂扬、朴实、典雅、高贵等，如图 1-2-2 所示。

中国女性礼服风格的选择，应该符合当代女性应该具有的职能、风采、文化要求等特点。正如著名设计师马可所说："我喜欢质朴、大气、简单的东西。女性，我欣赏那种有力量的女性，这种力量是更多的来自于内在，是一种精神上的独立自信。作为一个设计师，我应该能够提供一种最适合她们的服装，不取悦于男性，充分体现自我和她们的个性。"

（1）前卫礼服设计　　　　　（2）唯美礼服设计　　　　（3）Alexander Mc Queen作品

（4）John Galliano作品　　　（5）ALICE by Temperley　　（6）范思哲民族风格礼服

图1-2-2

　　这也应该是当代中国女性礼服创新设计所追求的重要方面，它不再同于封建社会礼服男尊女卑，不再同于民国时期所谓上海滩新女性，也不再同于20世纪60年代不分性别的蓝绿灰色调。

**（二）完成服装设计风格需要进行的创作程序**

　　合理的创作程序是达到服装风格设计的方法和手段。笔者认为比较成功的设计都遵循着创新的精神。这种创新绝不是"空中建楼",而是基于前人经验和成果的主动求新求变的创新,是基于市场流行新趋势的创新,更是基于为设计的目标客户基本定位的创新,尤其是基于文化语言解读的创新,没有文化语言解读的创新,上述创新似乎缺失了坐标和方向,走不出中国风、现代风的特色。

具体的操作有如下三个方面:

### 1. 不同风格的融合设计

不同风格的融合绝对不是互相冲突,或者随便叠加的不伦不类。不同风格的有机组合是一种创新"源泉",比如古典风格加上现代面料肌理形成的现代传统礼服、新式旗袍等;华丽风格加上清新风格形成的简洁而高贵的礼服;民族风格加上前卫风格形成的豪放帅气的皮草礼服等。如图 1-2-3 Valentin Yudashkin 2014、图 1-2-4 NE-TIGER 旗袍式礼服。

图 1-2-3          图 1-2-4

### 2. 来源于自然的风格设计

中国老子早就提出了"道法自然"这个不朽的哲学命题。而"自然"是古今中外无数思想追求的极致境界,甚至说只可意会不可言传,见仁见智。简而言之,公认的观点是自然属于事物自由发展的状态不受外界的干预。

作为一种文化表达服装语言设计的范畴,当然"自然"在服装设计及其语言表达上的体现也是必要的。只是现在太多服装设计作品的矫揉造作、标新立异失去了自然。在设计理念上,笔者研究认为,自然首先是一种境界——人和衣服能够很宁静和谐搭配呈然一体的状态。这正如法国著名时装设计大师伊夫·圣·洛朗说道："人们谈论自身的宁静，同样也可以谈论服装的宁静，当服装与身体融为一体，而不再成为一种负担时，那便是服装的宁静。"这是一种生活、哲学、思想的体验，只要有这样的思想积淀就一定有优秀的设计成果。

"自然"还是在人与服装组合基础上与大自然新的组合，达到的更高层次的宁静或和谐。比如创意礼服设计作品中用艳丽的孔雀羽毛作为礼服配饰品，纸张作为礼服面料等等，它们均可作为概念礼服的理念引导。如图1-2-5为楚艳/张晶2012品牌发布会作品、图1-2-6为祁刚作品。

图 1-2-5　　　　　　　　　　　　　　　　图 1-2-6

### 3. 从其他艺术中吸收灵感

礼服设计的艺术与其他艺术是密不可分的，中国传统文化艺术，异域风情的建筑，以及雕塑、和绘画、电影、音乐、戏剧等等都可以是碰撞出灵感火花的素材。这种借鉴或移植也是设计创新的重要"活水源头"。如果说风格组合是抽象的理念组合，师法自然是抽象的理论说教。那么，不同艺术的借鉴移植却是实实在在的创造。比如以诙谐戏谑著称的意大利品牌设计师莫斯奇诺，将波普风格贯穿于礼服设计中，使礼服青春时尚动感（图1-2-7）；伊夫·圣·洛朗1965年设计的"蒙德里安裙"，是从荷兰画派皮特蒙德里安现代绘画作品"红黄蓝构图"中获得灵感（图1-2-8）；中国台湾设计师蔡美月设计的婚礼服灵感来源于中国传统戏曲等。

上述三个方面与其说是理念的列举，不如说只是方法的列举，绝不是最终的纲要总结，而这种列举只是目前丰富多彩的业界的一鳞半爪，难免挂一漏万。

这些方法的列举，是为了激发设计师创新的设计风格理念，应该融合多种已有元素重新组合模式，以一种新的元素平衡来组合新模式打破旧的元素平衡，进行大胆的扬弃创新。

图 1-2-7　　　　　　　　　　　　　　　图 1-2-8

　　这三种理念是目前国内外礼服设计界最新的研究成果，它们也深刻体现着当前历史文化思潮的趋势和诉求。一方面，国际交流日益频繁，尤其互联网时代更将"地球村"深深植入每个公民心中。各种文化纷至沓来应接不暇，科学发展日新月异。另一方面，人们在渴望大力吸收新鲜事物同时，就是要回归自然，以求过于兴奋浮躁的心情得到宁静。而这种"宁静"就是伊夫·圣·洛朗所说的："自身与服装的宁静。"因此风格组合、来源自然、借鉴其他门类艺术，都是当代设计发展的必然趋势和准则。

　　总之，只有这样的原则才会综合取代单一，手工与机器并行，传统与现代结合，民族与世界并用，尤其是继承与创造能够和谐自然，也是这种建立新元素平衡打破旧元素平衡的"重要途径"。

## 二、色彩的多元化

### （一）色彩的选用及搭配原则

　　服装的各种属性中，如式样、色彩、图案、线条、面料等，给予人最敏感最直接的最易被捕捉的就是色彩。色彩以其自身颜色作用于人的视觉器官，向人们传达情感意味。同时色彩还具有象征性，比如白色的纯洁、浪漫、高尚；金色的华丽、高贵、辉煌；蓝色的柔和、宁静、沉稳；绿色的和平、青春、活力；红色的喜庆、奔放、激情等。

　　中国历代对色彩的重视可谓别有特色，由上古时代的黑色崇拜到黄色崇拜，再到五行五色（青、红、黑、白、蓝）。在民间，国人对蓝色有传统喜爱，如蓝印花布、蜡染布等，都是必然的历史和文化的传承。

　　目前国内礼服的色彩多是以黑、白、红、蓝、绿为主，这样的色彩定位搭配，基本同国际流行的色调一致，可见中国与世界结合的日益紧密。如图1-2-9、图1-2-10所示的NE-TIGER华服设计作品。在色彩搭配上由单色向双色或多色搭配转变，从协调色搭配的内敛到对比色搭配的张扬，加上现代技术的丝网印、数码印等对服装色彩的重组构建，打破了固有搭配模式来满足不同穿着者的个性需求，增强其视觉表现力。强对比、高艳度是中国传统配色方法，通常在黑、白、金、银等中性色系的调节配合下，使服装呈现华丽恢弘、大气震撼的视觉效果。

图1-2-9

图1-2-10

　　在众多礼服设计中，以青花瓷元素为代表的礼服设计可谓别具一格，青花瓷作为中国传统工艺美术品，早已成为中国在国际交流中的名片式象征。它蓝白相间简洁明快的色调，勾勒出青花瓷般的中国风格——高贵典雅、文化久远。图1-2-11为时装设计师郭培的"青花瓷"晚礼服。

图1-2-11

青花瓷系列礼服色彩搭配的创新表现在：礼服作用的特殊场合，要求礼服色彩的选用及搭配成为传达特定服装语言的第一要义；要最充分体现出文化语言的内涵，色彩以单纯简洁色调更好，若是复杂会眼花缭乱。

### （二）色彩与面料的创新搭配

服装色彩设计是在面料上进行的色彩构思、色彩创造，通过对面料的认识、选择和利用来表达材质中的独特美感和色彩魅力。服装色彩必须附着于某种具体材料的"质"来展开。而材料的"质"就是它的物理属性，譬如不同的质地形态（软、硬、厚、薄、挺括、柔软等）；不同的肌理形态（粗糙、细密、光泽、不光泽、透明、不透明等）。因此，相同的色彩在不同的服装材质上各具特性，产生了各自不同的材质效果。目前，设计界的服装色彩与材质的表达形式通常采用同色同质、同色异质、同质异色、异质异色的组合搭配，加上材质表面肌理纹样和花色图案的不同，增强服装的视觉冲击力和鲜明的个性魅力，（如图1-2-12）。

图 1-2-12

面料纹样色彩淡化了写生色彩的真实性和逼真感，增强了色彩的设计感和象征意义。纹样的色彩不是单独存在，应注意与面料底色、服装色彩的整体设计及服装环境和谐、统一。例如，纹样色彩要与面料材质、服装款式、穿着者的气质等因素协调搭配。色彩使纹样更具表现力，纹样又使色彩更为丰富，两者相互依托，相得益彰。面料纹样色彩的搭配主要有两种法则：对比与调和。纹样的色彩组合应以一种或一组色彩为主，形成主色调。主色调是色彩之间取得和谐的重要手段。另外一种方法是可用大面积的弱色，小面积的强色来取得协调。色彩艳丽，对比强的纹样，适合前卫、现代的服装风格。色彩柔和，对比弱的纹样，则适合自然、简约的服装风格。

图 1-2-13

服装色彩与纹样设计的组合效果，取决于设计师对各种材质的了解和掌控力，相同的纹样，材质的不同，制作工艺的不同，就会呈现出不同的设计风格。如图1-2-13所示，国内服装设计师魏来的设计作品，将艳丽色彩呈现在丝质面料上，并运用绣花和印花工艺的组合，彰显出具有民族元素的现代风格。

### （三）流行色的选用

流行色与社会上流行的其他事物一样，是一种社会心理产物，它是某个时期人们对某几种色彩产生共同美感的心理反映。是指某个时期内人们的共同爱好，带有鲜明的倾向性色彩。

纵观历史，在不同的历史时期，流行的色彩各不同。殷商时期崇尚黑色，唐盛时期喜好艳丽色彩，20世纪70年代流行军绿色和蓝灰色。经济萧条时期，流行黑色和素色；经济繁荣时期，流行跳跃色；当环境污染严重，人们渴望回归自然，于是出现了天空、海洋色、植物、泥土色等。

总之，流行色是一种趋势和走向，是一种与时俱变的颜色，它是一定时期，一定社会的政治、经济、文化、环境和人们心理活动等因素的综合产物。

在女性礼服设计上，应该注意流行色流行最快而周期最短的特征，因此在服装色彩设计中运用流行色的关键，在于把握主色调。要根据穿着者的体型特征、服饰习惯、气质等因素，确定出服装的基本色与流行色。采用以基础色为主色调，流行色为点缀色，以取得画龙点睛、相得益彰的奇妙效果。图1-2-14为2015年流行色。

(1)　(2)

(3)　(4)

(5)　(6)

(7)                                              (8)

图 1-2-14

## 三、面料的创新设计

服装面料是服装设计师表达设计理念和展示自我个性的载体。通过服装面料在服装设计中的巧妙应用，可以充分表现服装鲜明的个性特点，使服装散发出独特的艺术魅力。总体上看，女性社交礼服面料的创新和其他系列服装一样，需要结合当代最新科技成果，选用新型面料，面料再造，面料创新重组等几个方面来设计。

### （一）新型面料的选用

在中国的面料历史上，从先秦的皮、葛、丝、麻，汉代开始的织锦，唐宋的绢帛，明清之后形成的三大名锦，四川蜀锦、南京云锦、苏州宋锦，四大名绣，苏绣、湘绣、粤绣、蜀绣等，都曾经经过陆上和海上丝绸之路，远销中东、西亚、欧美。

当代礼服通常选用锦缎、绸缎、雪纺、天鹅绒、绉纱、蕾丝等面料，随着高科技时代的发展，新型服装面料不断涌现，比如生态棉、彩色棉、彩色毛、彩色蚕丝、纳米面料、新型纤维素纤维莱赛尔、大豆纤维、牛奶纤维、3D面料、铜氨纤维"宾霸"等。这些新型服装面料不仅为设计师艺术创造提供了物质保障，同时在以视觉效果、材料取胜的时代背景下，使用新型服装面料将是提高服装品牌档次，显示穿着者修养、身份、个性和品位的重要途径，尤其成为各服装品牌在市场竞争中的保持原创新潮的有利条件。这些在近年中国女性礼服设计上有着卓越表现的优秀作品，无不具有创新风格。

"旭化成·中国时装设计师创意大奖"潘怡良2014/2015秋冬系列作品发布中，如图1-2-15所示，在选择面料方面，就选择了舒适度和吸湿透气性很高的旭化成"宾霸"面料，通过潘怡良独特的剪裁手法和特有的针织技术结合环保面料所创造的时装作品，诠释出设计师的环保意识和绿色概念。

图 1-2-15

**（二）面料再造设计**

服装设计师通过采用各种工艺手法，对采用的面料进行再度艺术设计，使之产生新的肌理，丰富面料的层次效果。这样的设计多是目前高科技的产物，中国古代也有着这方面的创造，比如刺绣。只是现在工艺水平更加复杂而高超而已。

比如，面料立体设计。它主要是通过特殊再造处理改变面料外表的肌理形态，是指面料立体感的强化和夸张。材料的肌理语言如抽褶、折叠、堆积、起皱、凹凸及绗缝、填充、布花、装饰缝等，一般是将面料按照规律通过扭转、挤压、填充、抽缝的办法，处理成型后再定型，使之呈现自然规整的立体造型。科技发展更是让立体造型取得了新的发展，使许多新方法有条件实验并可以推广、如图 1-2-16 张肇达设计作品。

再如，面料的加法设计。是在现有面料基础上，通过印染、绘花边、刺绣、挂贴、缝绣、粘合等办法，进行材料附加装饰处理，使之形成多层次立体效果。如钉珠、缀饰、羽毛、盘绳绣、贴花、绒绣、丝带绣等。如图 1-2-17 所示，中国传统的刺绣工艺在 NE-TIGER 华服设计中的运用。

图 1-2-16　　　　　　　　　　图 1-2-17

面料的减法设计。是通过破坏面料的表面，使其具有不完整、有规律或无规律的变化，如抽纱、镂空、撕裂、剪切、磨砂、腐蚀、热烤等对材料的破坏性处理，形成亦实亦虚的艺术效果。

还有面料的钩编织设计。是采用不同的线、绳、带、花边等通过编织、钩织或编结等多种手法，产生疏密、宽窄、平滑、凹凸组合等变化，形成肌理对比。

## 四、配饰的点睛设计

在服装设计上，通过适当合理的装饰能使人的外观视觉形象更为丰富立体，可以弥补某些服装的不足。这些可以统称为服饰品或者配饰。关于服饰品尚没有严格的定义出现，比较公认的是，服饰品（配饰）是指人们在着装的同时所选用、佩戴的装饰性物品。也就是指与服装同时使用的、发挥装饰作用的一切物品。在人类文明发展不断进步的今天，配饰已成为了人类群体中十分重要的文化成分之一。在女性礼服及其重要的社交场合里，配饰无论作为礼服着装的重要组成部分，还是作为传达情感的礼品信物，都是必不可少的。

在许多场合，人们所追求的精神与外表上的完美，是借助时装配饰得以完成的。可以作为配饰的物品种类繁多，涵盖范围非常广，包括围巾、头饰、首饰、包袋、鞋帽、雨伞、手表、背带、扣子、假发、腰带、化妆品等（图1-2-18～图1-2-25），构成人们服饰穿着。而其中的物品如手帕、手套、首饰、领带、袖钮、表、背带、腰带等甚至作为礼物珍藏的风潮。

图1-2-18

图1-2-19

由于可以长期保存的配饰材质上乘名贵，并且保持着原有的特征形态，因此也具有承载文化历史的重要价值。多年以来，出土的文物总少不了配饰，无论数量质量都是上乘珍品。

也可以说，从远古、秦汉以来直到晚清，中国礼服配饰水平具有极其丰厚的历史积淀、审美水平和工艺水平，具有非常大的历史价值和学术价值，并作为珍贵史料被陈列与收藏。

图 1-2-20　　　　　　　　图 1-2-21　　　　　　　　图 1-2-22

图 1-2-23　　　　　　　　图 1-2-24　　　　　　　　图 1-2-25

　　服饰品在人的整体着装效果中起着不可替代的语言作用，它传达佩戴者个人的信息和一个国家或民族的文化特征。服和饰，两者是不可或缺的统一整体，因而是相互影响，共同发展。甚至说，一部世界服装史就是一部完整的世界服饰史，也就是服饰品伴随着服装而发展的历史。

第二章

# 礼服立体裁剪基础

# 第一节 礼服的材料与选配

如果说廓型、结构是一件礼服的骨骼，那么面料、辅料及其配饰就是礼服的灵魂，从某种程度上说，礼服设计成败的关键主要来自于礼服制作材料的选择，即对面料和辅料的选择。面料是服装设计赖以表现的物质基础，服装设计几乎都是使用面料来完成最后的工序，而辅料的应用则是礼服设计的神来一笔。法国著名的服装设计师伊夫·圣·洛朗说过："在设计服装时，我们需要关心的，并非衣袋、腰带的位置，也不是开领的形态和大小之类的问题，而是同画家选择不同颜色、雕塑家选择所需的赫土一样，要精心地选择布料和颜色，即是材料。要使设计出的连衣裙符合自己的想象，就必须选用适当的材料"。因此，如何选择和使用礼服材料直接关系到礼服设计的成败。

本节根据礼服的分类及用途来划分相应的材料，主要包括常用礼服面料的分类与选择、创意展示类礼服面料的分类与选择、礼服辅料选择及礼服配饰的选用。

## 一、常用礼服面料的分类与选择

在过去，无论东方还是西方，礼服都是统治阶级划分等级的一种特权产物，由于生产力条件的制约与政治因素的影响，礼服的制作材料都是奢华高档的天然织物。到了现代，虽然科技有了飞速发展，很多人工纺织成的化纤面料也是美轮美奂，但很多高级礼服在选择材料时，还是沿袭了这一特点。传统样式的女礼服制作材料主要有真丝、天鹅绒、缎料等，礼服的外观风格特征及穿着性能归根到底是由组成它的材料的结构特征及性能所决定。对礼服材料的性能与其结构间的关系，用俗语表达为"原料是根据，结构是基础，后处理是关键。"即能充分说明织物结构特性在服装选材中的重要地位和作用。

### 1. 全真丝类

特点：采用真丝制作的礼服高贵典雅，适合高贵清新风格的礼服设计，但价钱较昂贵。

缺点：真丝礼服易起皱，且不易清洗。如图 2-1-1 红色抹胸真丝礼服、图 2-1-2 缠绕式真丝礼服、图 2-1-3 史密斯学院的历史服装藏品。

图 2-1-1

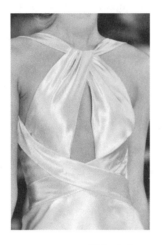

图 2-1-2

图 2-1-3

### 2. 仿丝、人造纤维类

特点：采用仿丝、人造纤维制作的礼服，较挺阔，便于造型，不太容易起皱，适合大众风格的礼服设计，价钱较为低廉，可批量生产。

缺点：透气性不好，高级社交场合不适用。如图 2-1-4 Elie Saab 混纺礼服。

### 3. 欧亘纱类

特点：轻盈而飘逸，手感稍微硬挺，非常薄且略带透明，适于蓬型轮廓的材质。国产欧亘纱的价钱较便宜。

缺点：易褶皱，太过蓬松，没有弹性难以修身。如图 2-1-5、图 2-1-6 为 Vera Wang 作品。

图 2-1-4

图 2-1-5

图 2-1-6

### 4. 真丝缎类

特点：真丝缎类经纬均用桑蚕丝织造，系八枚缎纹组织。采用全真丝制作的礼服，绸身柔软、平挺光滑。印花后光泽鲜艳，具有优良的色光。如图 2-1-7 Lanvin 单肩荷叶边礼服、图 2-1-8 Shine Moda 2014 作品。

图 2-1-7                                          图 2-1-8

### 5. 提花缎类

特点：提花缎类是指在织物表面上以正反缎纹互为花地组织的单层提花织物，也称暗花缎。面料厚重，垂感好、色泽纯正，极有浓厚的民族特色。如图 2-1-9 为 Tibi 蓝黑色提花露肩礼服、图 2-1-10 为 vera wang 作品。

图 2-1-9

图 2-1-10 图 2-1-11

### 6. 水晶纱类

特点：水晶纱质感较硬、透明度好、重量轻、较薄、朦胧，比较适合浪漫淑女类型的礼服制作。图 2-1-11 为 Blumarine 2014 作品。

### 7. 仿真丝弹力色丁类

特点：一般用于晚装礼服，其反光度高，比较柔软，垂感很好，是现代礼服比较常用的面料。如图 2-1-12、图 2-1-13 为 Blumarine 2014 作品。

图 2-1-12 图 2-1-13

### 8. 硬网类

特点：面料质地硬挺，网洞呈菱形，用于婚纱的撑裙或者内置裙撑。如图 2-1-14、图 2-1-15 所示 Alexander McQueen 作品。

图 2-1-14                           图 2-1-15

### 9. 软网类

特点：质地较软，可用于婚纱礼服面料或做头纱用，有飘逸感，适合层次感较为丰富的礼服设计。如图 2-1-16 为 Krikor Jabotian 作品，图 2-1-17 为 vera wang 作品。

图 2-1-16                           图 2-1-17

### 10. 雪纺类

特点：清爽凉快，较适合制作夏天的婚纱礼服，具有丝的柔性及轻、薄特性，触感柔软，轻盈飘逸。如图 2-1-18 为 Marchesa 2015 作品，图 2-1-19 为 Georges Hobeika HC A'12 作品。

图 2-1-18                                            图 2-1-19

### 11. 蕾丝

特点：蕾丝是婚纱礼服的主要表现材料。高档考究的蕾丝设计秀美，工艺独特，经过精细的加工，图案花纹有轻微的浮凸效果，触感更是轻柔。由于蕾丝成本较高，一般只作为婚纱礼服的装饰及点缀之用。如图 2-1-20 为 Dany Tabet 设计作品，图 2-1-21 为 Elie Saab 设计作品。

图 2-1-20                                            图 2-1-21

### 12. 塔夫绸

特点：塔夫绸制作的礼服给人轻盈的感觉，较薄，有光泽，不同角度呈不同的颜色，适合夏天穿着。可以印上水纹或木纹等暗花图案，适用于制作较时尚、有创意的晚礼服或婚礼服。如图2-1-22为 Rafael Cennamo 2014 作品。

## 二、创意展示类礼服面料的分类与选择

随着科技的发展，织染技术的进步，制作礼服的面料也越发丰富，人们在追求美观实用的基础上开始追求环保性、趣味性、艺术性等多种性能的结合。在此，主要介绍非服用材料在创意礼服中的应用。

非服用面料是指用超越服装织物以外的其他材料，常用于创意礼服的设计之中。

图 2-1-22

### 1. 橡胶

橡胶服装属于功能型服装，一般是需要防电绝缘特殊工种的防护服，但现代设计师把它用于礼服的设计中，既是一种环保也是一种对小众文化的大众转播。如图 2-1-23、图 2-1-24 为 Vivienne Westwood 作品。

图 2-1-23

图 2-1-24

### 2. 木材

木材是我们最常见的建筑材料之一，但在现代科学技术的支持下，也可以成为制作

礼服的特殊材料。如图 2-1-25 为山本耀司作品，图 2-1-26 为 stefanie nieuwenhuys 作品，图 2-1-27 为"汉帛奖"第 21 届大赛金奖获得者王智娴以竹子为灵感、进行服装设计创作的工作室。

图 2-1-25

图 2-1-26

图 2-1-27

### 3. 纸制品

纸是生活随处可见的一种材料，对纸制品合理的设计应用和适当的技术加工也可以制作出精美绝伦的创意礼服。如图 2-1-28、图 2-1-29 为 Bea Szenfeld 作品。

### 4. 植物

植物作为创意礼服的制作材料有一定时间局限性，植物的荣枯时间是礼服制作的难题，虽然只可以短时间穿着，但其特别惊艳的效果往往是其他材料无法比拟的，这也是现代人对于环保的一种呼声。如图 2-1-30、图 2-1-31 为 Nicole Dextras 2010 年春夏系列

Weedrobes 植物作品。

图 2-1-28　　　　　　　　　　图 2-1-29

图 2-1-30　　　　　　　　　　图 2-1-31

### 5. 塑料（3D 打印）

随着 3D 概念的流行，3D 打印服装逐渐成为一种潮流。3D 是近几年非常热门的名词，几乎每个行业都能找到 3D 的影子，服装也不例外。如图 2-1-32 为以色列服装设计师 Noa Raviv 作品，图 2-1-33 为 Iris Van Herpen 作品。

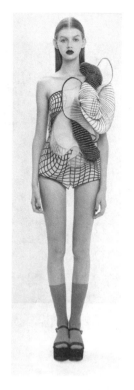

图 2-1-32 　　　　　　　　　　　图 2-1-33

### 6. 陶瓷

充满诗意的瓷器作品，成为了"后东方主义"的最佳诠释。瓷衣其实是可以用来穿着的，只是重量必然与真正的盔甲一般，脱卸比较麻烦。如图 2-1-34、图 2-1-35 为服装设计师李晓峰先生作品。

图 2-1-34 　　　　　　　　　　　图 2-1-35

### 7. 玻璃

用玻璃制作礼服，碎片式玻璃和镜面镶嵌装饰，以独特的剪裁拼接令服装折射出三棱镜般的光泽，呈现多维体空间，在服装的世界里，一切皆有可能。如图 2-1-36 为 2012 PORTS 作品，图 2-1-37 为 Iris Van Herpen 作品。

图 2-1-36　　　　　　　　　　　　　　　图 2-1-37

### 8. 食物

食物与植物一样具有保质期，但就像"森林里的蛋糕屋"一样，给人无限想象空间，为创意礼服增添无限可能性。如图 2-1-38 为 Franc Fernandez 替 Lady GaGa 设计的"肉片装"，图 2-1-39 为天桥骄子第十季。Jillian 以糖果做为非常规材料设计的作品。

图 2-1-38　　　　　　　　　　　　　　　图 2-1-39

### 9. 头发

头发作为人体的一部分，用在创意礼服设计中可谓别具匠心，一切前卫的设计师，把头发这一元素在礼服设计中运用的十分巧妙。如图 2-1-40、图 2-1-41 为尔玛·马蒂恩替 lady gaga 设计"头发装"。

图 2-1-40

图 2-1-41

## 三、礼服的辅料选择

礼服的材料形式多样，风格各异。不同的辅料搭配相同的面料会呈现出不同的效果。除面料本身的肌理变化以外，通过烫钻、绣片、羽毛、亮片、镶珠、立体花朵、流苏、镂空花、拉链、纽扣、织带、垫肩、花边、钩扣、皮毛、线绳、填充物、塑料配件、金属配件这些辅料的选择应用，以及与雕绣、镂空、植加、揉搓、压印等装饰手法混合使用，均会产生丰富精彩的创意效果。

### 1. 羽毛

羽毛装饰轻盈、讨巧、生动，无论在夸张造型还是小面积点缀上都有着不可替代的作用，与传统面料配合的互补性会提升日常礼服着装的活泼动感，或为晚宴礼服带来轻奢的境界。如图 2-1-42～图 2-1-44 所示。

图 2-1-42

图 2-1-43

图 2-1-44

## 2. 绣片

绣片作为礼服上较为常见的装饰品，有着极强的装饰性，能够使得礼服的层次感更强烈，更具视觉表现力。如图2-1-45～图2-1-47所示。

图2-1-45　　　　　　　　　图2-1-46　　　　　　　　　图2-1-47

## 3. 镶珠片

以空心珠子、珠管、人造宝石、闪光珠片等为材料，绣缀于礼服上，以产生珠光宝气、耀眼夺目的效果，增添服装的美感和吸引力。如图2-1-48～图2-1-50所示。

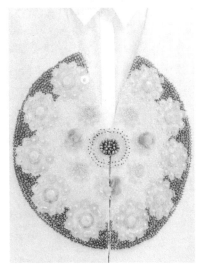

图2-1-48　　　　　　　　　图2-1-49　　　　　　　　　图2-1-50

## 4. 金属配件

金属材料与柔软的面料相结合，会产生一种独特的视觉冲击力，带来意想不到的穿戴效果。如图2-1-51～图2-1-53所示。

图 2-1-51          图 2-1-52          图 2-1-53

### 5. 亮片

亮片的合理设计会让礼服的欣赏价值迅速得到提升，使服装闪动着流光溢彩，更具表现力，更有活力。如图2-1-54～图2-1-56所示。

图 2-1-54          图 2-1-55          图 2-1-56

### 6. 流苏

下垂的以五彩羽毛或丝线等制成的穗子，常用于礼服衣裙的边缘、下摆等处，使整件礼服更具动感。如图2-1-57～图2-1-59所示。

图 2-1-57          图 2-1-58          图 2-1-59

### 7. 镂空花

镂空花纹使礼服的空间感、层次感更强烈。如图 2-1-60～图 2-1-62 所示。

图 2-1-60          图 2-1-61          图 2-1-62

### 8. 立体花

把平面的二维装饰变成更具三维效果的立体装饰，让礼服更具独创性。如图 2-1-63～图 2-1-65 所示。

图 2-1-63          图 2-1-64          图 2-1-65

### 9. 串珠

串珠的应用是对于服装点线面的最好诠释，通过串珠可以表达礼服的韵律美，作者对于珠子疏密关系、位置的把握可以任意塑造礼服的风格。如图 2-1-66 ～图 2-1-68 所示。

图 2-1-66　　　　　　　图 2-1-67　　　　　　　图 2-1-68

## 四、礼服配饰的选用

礼服配饰是提升礼服整体效果必不可少的，一套华丽的礼服如果搭配相应的配饰，会使整套服装的设计熠熠生辉，此外，造型简洁的礼服只要在配饰上有所改变即可适应不同场合的穿用。比如，听音乐会时，可以搭配一些精致小巧的耳饰、项链、戒指，使整体形象优雅而得体；当参加晚会时又可以搭配较醒目且造型夸张、别致的配饰，看上去高雅而富丽，简洁的礼服和华丽的配饰相得益彰。

### 1. 首饰珠宝类

首饰珠宝类配饰是整体服装不可缺少的一部分，是作为与礼服相呼应的一种装饰出现的。其材质很广泛，既可以是制作精美的金、银、钻石、宝石、珍珠，也可以是加工考究的仿真饰品等；针对佩戴部位的设计，既可以是戒指、项链、耳环，也可以是发饰、腕饰或面饰等，同时与戒指、项链、耳环配套，形成三件套、四件套或五件套。创意礼服的配饰品，更可大胆进行夸张变形的设计，与服装风格保持一致。如图 2-1-69 所示。

### 2. 鞋包配件类

鞋、帽、包、腰带等通常都是礼服必不可少的配饰。从造型上讲，鞋包配件类饰品的组合不要繁琐，应层次分明，配合礼服的整体气场既可以采用协调统一，又可以夸张强调，但要立足于巧妙的安排与合理的搭配。另外，根据穿着场合、季节，配合礼服的鞋子多为轻巧、俏丽的鞋型。如图 2-1-70 所示。

（1）　　　　　　　　　（2）　　　　　　　　　（3）

（4）　　　　　　　　　（5）　　　　　　　　　（6）

（7）　　　　　　　　　（8）　　　　　　　　　（9）

图 2-1-69

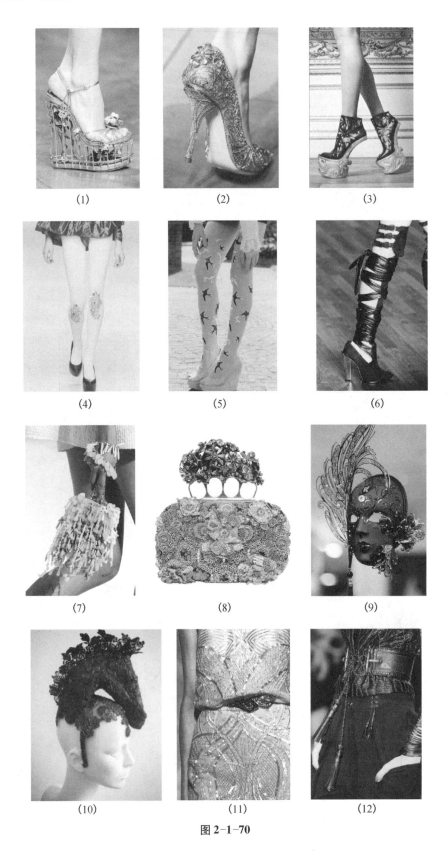

图 2-1-70

### 3. 披肩手套类

　　披肩手套类搭配性强，也易于出型。发布会上的披肩设计通常会成为设计师大秀精彩设计的亮点。除了基础的保暖功用外，巧妙的披肩设计会迅速提升礼服的气场，不仅增加服装层次感，也令礼服的整体效果夺目耀眼。如图 2-1-71 所示。

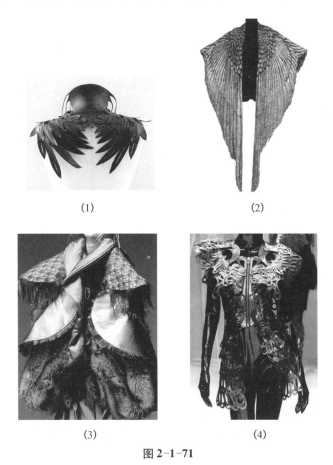

(1)　　　　　　　　　　(2)

(3)　　　　　　　　　　(4)

图 2-1-71

# 第二节　礼服用人台与面料整理

## 一、人台的准备与补正

　　人台作为立体裁剪的必备工具，人台的规格、部位尺寸必须符合人体的特征与尺寸。人体模台的尺寸规格是否符合标准，直接影响礼服立体裁剪造型及工艺的准确性。

　　人台的种类大致分为三种：立体裁剪用、成品检验用、服装展示用。人台依据不同的地域，可大致分为：日本式人台（或称亚洲人台），美国式人台（或称美式人台），法国和意大利式人台（或称欧式人台）；根据长度分，有全身模型、2/3 身模型、半身长模型；按照不同使用需求的特点，又可将人体模型分为：净尺寸人台（裸体人体模台）和工业用人台（见图 2-2-1 ～图 2-2-6）。

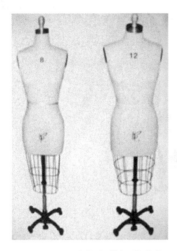

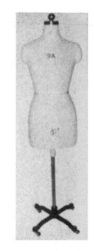

图 2-2-1　欧美女装标准人台　　　图 2-2-2　国标女装人台　　　图 2-2-3　日本女标准人台

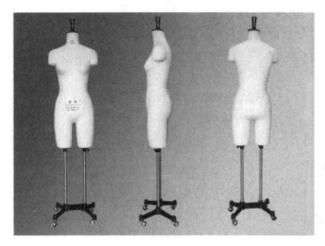
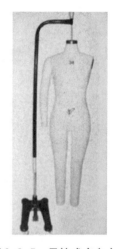

图 2-2-4　带半截腿人台　　　　　　　　图 2-2-5　吊挂式全身人台

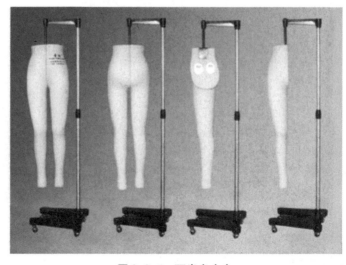

图 2-2-6　下半身人台

在进行礼服立体裁剪创作和练习的过程中，使用最多的是日本式女用人体模台，其表面曲线起伏特征和部位比例结构特征进行了适当的工业调整，从而使其曲线和结构比例更趋向于理想化的造型，更适合立体裁剪设计者和学生创作练习时使用。

### （一）人台基准线的标记

由于在人台上立裁操作时基本不用尺规工具，因而在人台上标记基准线是非常重要的。所谓基准线的标记，就是在人体模型上标示出人体重要部位或必要的结构线。而且标示线要选择色彩醒目，透过布料易被识别的粘合带。一般选用黑色、红色或色彩对比明显的颜色。宽度0.3 cm 为宜，不宜过宽。

人台上的各基准线要平整、规范、贴靠，该直顺的地方要直顺，该圆顺的地方要圆顺，左右基准线的标记要对称，弯势一致，线条优美，充分体现人体的曲线，真正起到立体裁剪的尺规作用。

#### 1. 基准线标记部位

基准线的标记部位有纵向标记线、横向标记线、弧向标记线等。

纵向标记线包括：前、后中心线，左、右侧缝线，前、后公主线，前、后侧面线，共12 条标记线。

横向标记线包括：胸围线、腰围线、臀围线、背宽横线。共4 条标记线。

弧向标记线包括：颈围线，左、右袖窿弧线，左、右肩线，共5 条标记线。

#### 2. 基准线标记方法

标记前准备：人台选好以后，先观察人台特征。如颈部的特征等，用皮尺测量胸围、腰围、臀围、颈根围的尺寸并记录，以作为操作基准线的数据。人台的高度，应选用标准体型身高加以固定不可摇晃，并使人体模型呈水平状态，可测量左右 SP 距地面尺寸是否相同来检查是否水平，再进行操作。

标记方法：

（1）标示前中心线：量左右肩宽二分之一处，再量左右胸宽二分之一处，分别用大头针记录两点位置，将这两点用铅锤线垂直向下，暂定前中心线，用大头针轻轻点出记号，再贴标示线（图2-2-7）。要求操作者要正对前中心线作记号。只有处于正对方位观察，标记带才是竖直的。

（2）标示后中心线：量左右背宽二分之一处，再量左右肩宽二分之一处，后中心标示法与前中心要领相同，将两点用铅垂线垂直向下，暂定后中心线，用铅笔或大头针点出记号，再贴标示带（图2-2-8）。目测调整前后中心线，若误差在 ±0.2 cm 以内不用改，若误差 ±0.2 cm 以上要重新调整中心线。

（3）标示胸围线：观察胸部最高处，找出 BP 点，与 BP 点等高固定测高仪（或将三角板固定在人台架上代替测高仪如图），平稳转动人台一周，大头针记录等高点，再用标示带贴出（图2-2-9）。

（4）标示腰围线：由正面观察腰围最细的部分并作记号，方法同胸围线的确定，贴好标示带（图2-2-10）

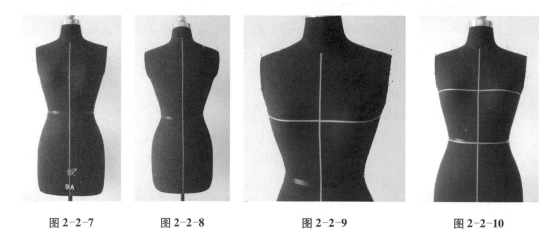

| 图 2-2-7 | 图 2-2-8 | 图 2-2-9 | 图 2-2-10 |

（5）标示臀围线：一般沿前中心线由腰围线向下 18～20 cm 为宜确定其位置。与胸围线方法相同定出水平的臀围线，贴附标记带（图 2-2-11）。应注意臀围线位置不易太高或太低，会使下身比例不佳。

（6）标示领围线：由腰围线沿后中心向上量取背长，确定后颈点（BNP）。然后用皮尺量出颈围的标准尺寸，以大头针做记号，照记号标示，再确认左右两边尺寸是否相同。如图 2-2-12～图 2-2-14 所示。

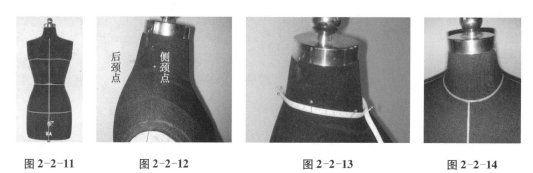

| 图 2-2-11 | 图 2-2-12 | 图 2-2-13 | 图 2-2-14 |

（7）标示肩线：正面观察颈根部，侧面最突出位置，同时侧面观察颈部时，该位置位于颈部厚度中央稍偏后，此为侧颈点（SNP）；平视肩端部，臂根截面最高点为肩端点（SP），自然连接两点贴附肩线。如图 2-2-15、图 2-2-16 所示。

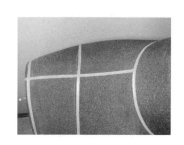

| 图 2-2-15 | 图 2-2-16 |

（8）标示臂根围：先按人台的胸围尺寸求出臂根围大小，约为 42% 胸围，再按照人台上臂根截面大致形状标记臂根围，检查臂根围的尺寸并调整形状，确定后贴附标示线。此线后侧弧度稍缓，前侧略凹。如图 2-2-17、图 2-2-18 所示。

图 2-2-17　　　　　　　　　图 2-2-18

（9）标示侧缝线：由前中心线，分别沿胸围线量取 1/4 胸围并记录其中点位置 A、沿腰围线取 1/4 腰围 +0.5 cm 记录位置 B、沿臀围线取 1/4 臀围 +0.5 cm 记录位置 C，自然连接 A、B、C 三点，C 点以下自然竖直至底边，标出自然顺畅的线条。如图 2-2-19 所示。

（10）标示前公主线：从肩线中央往下经过 BP 点，再通过腰围线与臀围线，臀围线下自然竖直至底边，标示出一条自然顺畅的线条。按记号贴附公主线标记带，腰部压实。另一侧对称标示。如图 2-2-20 所示。

（11）标示后公主线：从肩线中央，通过肩胛骨、腰部与臀部，臀围线以下应垂直至底边，标示出具均衡美感的线条。在腰围线上至后中心约 7 cm，臀围线上至后中心约 9 cm。如图 2-2-21 所示。注意前后公主线在肩部的衔接要顺畅，与肩线垂直。要求左右对称如图 2-2-22 所示。

 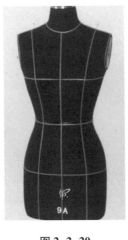 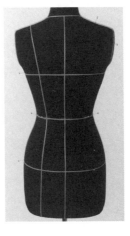 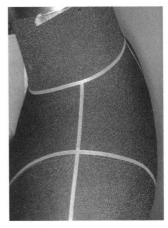

图 2-2-19　　　　　图 2-2-20　　　　　　　图 2-2-21　　　　　　图 2-2-22

（12）肩胛骨位置线：在肩胛骨位置处贴出水平线。如图 2-2-23 所示。

（13）前侧面线：为保证丝缕的正确，贴出侧面标志线。经过腰围上前公主线到侧缝线距离二等分点（图2-2-24），贴出竖直线，可用重物来检验是否垂直。如图2-2-25所示。

（14）后侧面线：经过腰围线上后公主线到侧缝线距离的二等分点，贴出垂直的标志线。因上半身后倾，曲线弧度较大，注意不要贴弯。如图2-2-26所示。

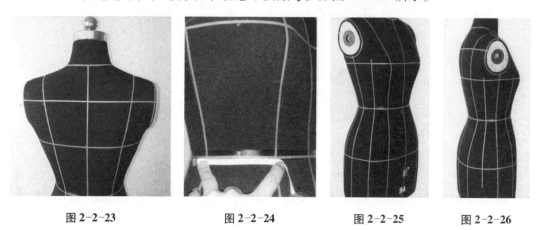

图2-2-23　　　　　　图2-2-24　　　　　　图2-2-25　　　　　　图2-2-26

（15）检查前、侧、后面所有标记线的位置是否正确，纵向标记线是否与地面垂直，横向标记线是否与地面平行。

### （二）人台的补正

由于人台是按照标准人体制作的，经过了工业化的美化造型加工，人体模型的各部位造型都得到了人为的理想的美化，部位尺寸近乎完美，与真实人体之间存在着或多或少的差距。因此如想消除这些差别或按某单体体型设计制作服装时，有必要对人台加以修补。所以观察实际体型并按实际体型补正人台，以使其各部位尺寸更接近真实人体尺寸，这样才能更实际准确地利用人台进行合理的操作。

需要注意的是，由于人体模型不能被破坏，所以遇到补正情况，须选择比完成尺寸小一号的人台，再利用棉花或布料一层一层添加的形式，加在需要加强的部位，要注意棉花叠加时边缘要过渡平缓，然后再用布覆盖在上面加以固定，从而改变人台原有尺寸，达到最接近真实人体尺寸的目的。

#### 1. 肩部补正

肩部补正目的主要是为满足平肩体型，或强调肩部造型的服装。可利用肩垫直接在人台上进行修正操作将肩斜减少，或在需要修正的肩部位置添加好覆盖物。操作时需注意应从肩端点向颈根、前胸、后背部位做递减厚度处理。如图2-2-27所示。

图2-2-27

#### 2. 胸部补正

对强调服装胸部造型款式时，可以在人台上穿上胸罩，或是在人台胸部位以BP点为中心添加棉花，用大头针别在胸部，注意保证中间区域棉花厚而周围区域厚度逐渐变薄，胸部才会自然。如图2-2-28、图2-2-29所示。

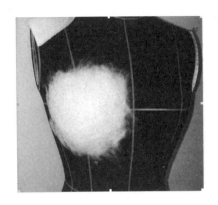

图2-2-28                                    图2-2-29

### 3. 臀部补正

在需要修正尺寸的模型臀胯部位覆盖添加物，保证在修正区域中心厚而周围薄的状态下使用准备好的布料将其覆盖，最后用大头针固定布料四周。如图2-2-30、图2-2-31所示。

### 4. 背部补正

为了使背部肩胛骨具有起伏的美感，以配合流行的需要，可使用棉花模仿肩胛骨的倒三角形状，贴在肩胛骨部位做补正。棉花固定好以后，检查是否和人体模型吻合，然后把布料剪出相似形状并覆盖其上，最后用大头针将覆盖的布料周围进行固定。如图2-2-32、图2-2-33、图2-2-34所示。

图2-2-30                    图2-2-31

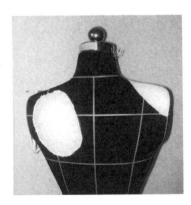

图2-2-32                         图2-2-33                              图2-2-34

在人台上进行立体裁剪工作之前，按照人体模型与真实人体尺寸之间的偏差值认真修正各部位尺寸，对于以后完善服装尺寸和部位的合体程度来说都是必要的。但是，并不是任何人台都要做以上几种部位修正，在选择人台的时候要考虑与真实人体的参照部位进行对比。比如，若真实人体的臀围与模台臀围相等，而胸围大于模台胸围，这样就应该依照真实人体的胸围尺寸选择对应模台而对模台胸部进行修正。相反，若真实人体臀围与模台臀围相等，胸围却小于模台胸围的话，就应当以真实人体胸围尺寸来选择模台，而对模台的臀部进行修正。

## 二、面料的准备与整理

### （一）布纹整理的必要性

立体裁剪前应先检查布料的经线与纬线是否垂直，并将布料烫平消除褶皱。一般布料在织造、染整的过程中，常常会出现布边过紧、轻度纬斜、布料拉延等现象，导致布料丝缕歪斜、错位。这样的布料做出的衣服穿着时会出现扭曲、松垂或拉皱等形态畸变，这些并非结构问题，是立体裁剪的大忌。因此，必须对所选的白坯布进行纱向对位等修整操作，在保证布料纱向经纬垂直后再进行立裁操作。

通常需要保证经纱的位置有前中心线、后中心线（后片无拼接）、背宽线（后中拼接）、裤前后挺缝线。纬纱必须保证的位置有胸围线（上衣前片）、肩胛线（上衣后片）、臀围线（裙、裤）等。

### （二）整理布纹的方法

#### 1. 布边处理

布料在纺织加工成型后会在顺着经纱方向的两边位置留下整条的布边，布边附近的纱线会由于纺机的拉扯歪曲变形，布边过紧、过硬，影响面料的平服，不适合立体裁剪使用。所以要在进行立体裁剪操作之前对布边进行处理。

一种方法是用剪刀在两侧布边2 cm左右处打好剪口，并用手撕掉布边，以保证坯布经纬纱向正常，整理好撕口纱线后才能使用。撕掉布边后，经纬向容易混淆，可顺经纱方向画线做记号。

另一种方法是沿布边打剪口，剪口之间间距为5 cm左右，剪口宽度为布边宽度。

#### 2. 矫正布纹

整理纱向操作可分手工整理和熨烫归拔整理，通常两种方法交叉使用。这里需要注意的是，坯布若经水洗脱浆处理过，一般都用蒸汽熨斗整烫坯布；若未经脱浆处理则只能用非蒸汽熨斗，防止面料变型。熨烫时可按照服装熨烫工艺中归拔的操作方式进行推拉、定型，直到纵横丝缕顺直为止。

操作方法：首先，将布料算好使用量后用手撕下所用的裁片（立体裁剪时大多布料裁片都使用手撕的方式完成以确保布料在两根纱线间断裂），其次，是用熨斗烫平布料，观察四边是否顺直。若布纹不正，则依凹处往反方向拉伸，以纠正纱向的扭曲度（图2-2-35～图2-2-38）。

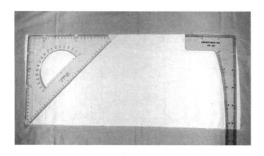

图 2-2-35

图 2-2-36

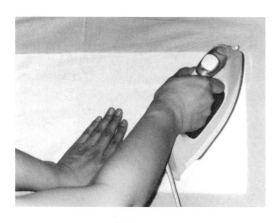

图 2-2-37

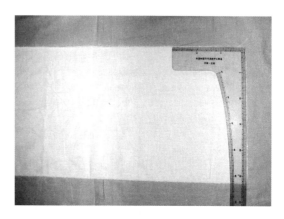

图 2-2-38

### 3. 检查整理

用直角三角板的两条边对合布料的纵横丝缕，当它们各自吻合时（即相互垂直）便说明布纹整理好了。图 2-2-38。

### 4. 在样布上做基准线、基准点

基准点：通常用记号笔或铅笔画十字叉。一般为胸点（BP 点）

画基准线有三个方法：一种是将大头针或铅笔尖插入织物与织物之间，一手拽住布端，另一只手向后微力移动大头针，使布料上面形成一条顺直的印记（图2-2-39），此方法快捷但不好把握，容易偏斜。另一种方法是抽丝法，用大头针距布边 3 cm 左右挑出一根纱线，并抽出，然后在原位置画线或缝入彩色棉线（图2-2-40），此方法准确，但比较耗时。最后一种方法是在整理好的布料上直接画线，方法

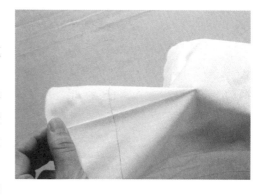

图 2-2-39

简单，但要注意线迹要画在两根纱线之间或在一根纱线上（图2-2-41）。

 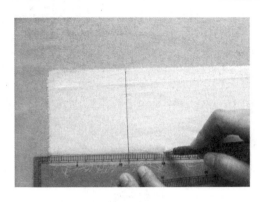

图 2-2-40                 图 2-2-41

第三章

# 礼服造型中的省道与分割线

# 第一节　礼服中的省道与分割线

　　服装设计是以人体为依据并受制于人体结构，将服装与人体之间的空间量进行增大、缩小、和消失等设计，使服装造型发生改变。省道与分割线作为服装造型细节的重要组成部分，既能够塑造人的形体美，也可以表达服装的形式美。是设计师艺术理念和高超技艺的完美结合，是功能性与审美性的统一，在服装有限的表达空间里，尽显变化万千之态，赋予服装无限内涵。

## 一、省道在礼服中的应用

### 1. 省道产生的原理

（1）省道的概念

　　众所周知，省道是将服装衣片与人体的曲面形态吻合，收取余量，在服装表面呈现的一道暗缝线。是服装造型由传统的平面造型转化成立体造型的一种技术手段，如图3-1-1所示。

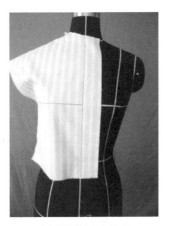　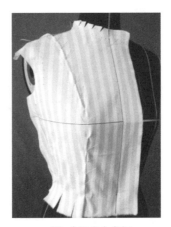　

（1）面料披在人体上　　　　（2）收取多余空间　　　　（3）平面纸样

图3-1-1

（2）省道的种类

　　省道可以存在于衣片的各个部位，通常都是围绕着人体凹凸部位进行设计的。人体上的凸点有胸凸、肩胛凸、腹凸、臀凸、肘凸等，在服装上这些凸点相对应的省为胸省、肩省、腹省、臀省、肘省等。归纳起来，有两种分类方法，即按省道所在人体部位分类和按外观线条形态分类，如图3-1-2所示。

① 按省道所处人体部位名称分

　　上装中的省道有肩省、领省、袖窿省、侧缝省等；下装中的省道有腹省、臀省等；

袖片中的省道有肘省、袖口省等。如图 3-1-2（1）所示。

②按省道外观线条形态分

直线形省道有锥形省；折线形省道有钉形省、菱形省；弧形省。如图 3-1-2（3）所示。

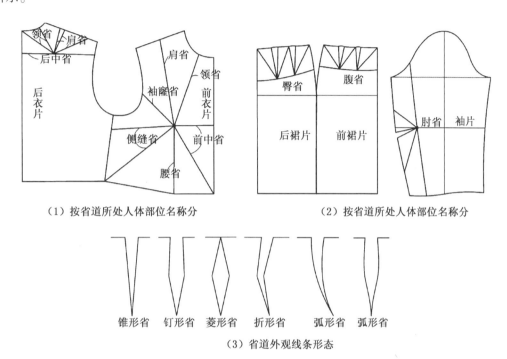

（1）按省道所处人体部位名称分　　　　　　　　（2）按省道所处人体部位名称分

（3）省道外观线条形态

图 3-1-2

### 2. 省道的设计

从理论上讲，服装省道是围绕着人体凸起最高处进行设计的，它可以是单个存在，也可以是两个或多个存在，可以是以缉缝的形式显性存在，也可以是以隐藏于服装的某部位隐性存在，又或是转换成其他结构形式来达到收拢余量的本质目的。

（1）省道的数量与形态

服装各部位松量值的不同形成了从紧身到宽松的不同款式造型，紧身、合体型的服装款式，服装与人体的空隙量减少，省道数量就增多，同时根据省道所在人体部位的曲面特征，获得凹凸弧线形的省道线；而宽松型服装款式，服装与人体的空隙量增多，省道的数量也会相对减少甚至可以不设计省道，省道线一般取直线形式。因此，服装的合体程度与人体体型特征决定了省道的数量与形态，如图 3-1-3 所示。

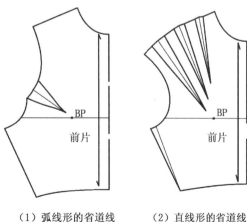

（1）弧线形的省道线　　　（2）直线形的省道线

图 3-1-3

（2）省道的大小与位置

省道的大小与服装的合体程度和省道的数量有关。服装与人体的空隙量越少，省量越大，反之，则小或为零。单个省道独立承担收拢的作用时，省量会增大，如果分散成两个或多个省道，每个省量会明显减少。人体上胸凸明显，所以胸省省尖位置明确，省量较大。肩胛凸起面积大，无明显高点。腹凸和臀凸呈带状均匀分布，位置模糊所以腰省和臀省的设计较为灵活。

省道位置的设计要考虑到功能性与美观性的结合，原则上省尖要对准凸点，胸省应距离胸高点最少 2～3 cm，其他省道根据部位不同做相应调整。相同的省量，省道位置的不同，省道长度也就不同，形成的外观造型也不同，比如：肩省与袖窿省相比较，如果省量相同，肩省长于袖笼省，则缝制后的外观形态是袖窿省省尖处略尖，肩省省尖处很平服；如果省量不同，省长相同，则省量小的省尖平服。从这可以得出，在设计省道时，要充分考虑省道大小和位置的合理性，省长与省量应成正比。

3. 省道的应用

在适体设计中为消除平面布料复合在人体曲面上所引起的折皱、重叠等现象，通常可以采用转移、分散和合并转化的结构形式来解决，达到塑造和美化人体的作用。因女性胸部的形态特征，省道变化是女装结构设计的灵魂，在礼服设计中，多变的胸省形式更为丰富了款式造型效果。

（1）单省

单省是指独立存在于服装单个部位的省道。是将服装与人体凹凸部位形成的全部余量集中于一处，因此，单省的省量相对较大。单省设计如图 3-1-4 所示。

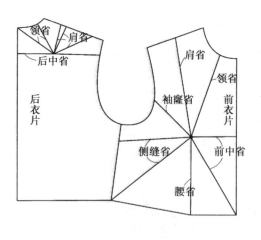

图 3-1-4

**实例一：袖窿省**

此款式前中心连折，将胸围与腰围之间的余量转移至前衣片袖窿处成为袖窿省，合体式设计。如图 3-1-5 所示。

（1）款式图

（2）成品造型图

图 3-1-5

A 准备工作：

① 在人台上用标记线标出省道的造型线，因为此款式是对称式设计，所以只操作衣身右前半面，具体操作见图 3-1-6。

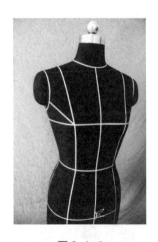

图 3-1-6

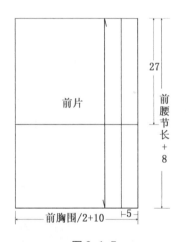

图 3-1-7

② 准备一块长方形面料，纵向长为前腰节长加上 8 cm（缝份和调节量），横向宽为前胸围/2（前中心至侧缝的胸围长度）加上 10 cm（缝份和调节量）。将面料经纬纱向矫正，调整好熨斗温度，无需蒸汽熨烫平服。在面料上用笔分别画出两条基础线，纵向为前中心线和横向的胸围线，如图 3-1-7 所示。

B 操作方法：

① 固定面料。将面料的纵横向基准线对齐人台的前中心线和胸围线，理顺面料并用大头针双针固定纵向的前领窝点、腰线与前中心的交点，横向的胸高点，具体操作见图 3-1-8。

② 确定领口。在领口处将面料推顺，面料绷紧处可间隔打剪口，用大头针固定侧颈

点，修剪掉多余面料，如图 3-1-9 所示。

③ 确定肩部。在肩部将面料推顺，用大头针固定肩点，用胶带标记出肩线后预留出缝份，修剪掉多余面料，如图 3-1-10 所示。

  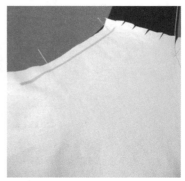

图 3-1-8            图 3-1-9            图 3-1-10

④ 确定腰部。将面料沿腰围线推平，不平服处打剪口，腰部留有少许松量，用大头针固定，如图 3-1-11 所示。

⑤ 确定侧缝。从腰部向上推顺侧缝固定后，用胶带标记出侧缝，预留出缝份，修剪掉多余面料，具体操作见图 3-1-12。

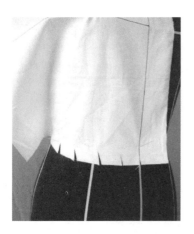 

图 3-1-11            图 3-1-12

⑥ 确定袖窿省。将袖窿面料的余量推至预设的省道线上，用大头针固定省道，如图 3-1-13（1）、图 3-1-13（2）所示。

⑦ 点影。将前衣片各部位调整好后，按人台标记线用笔依次画出衣片内部结构线和外部轮廓线，注意线迹要均匀、清晰，具体操作见图 3-1-14。

⑧ 画样、整理。将前衣片从人台上取下，用笔和尺子将各标记点连接，袖窿开深 2 cm，胸围加放1.5 cm，弧线处修顺，省尖距离胸高点一定距离。核对样片后修正缝份，修剪去多余面料，如图 3-1-15 所示。

C 平面纸样。如图 3-1-16 所示。

D 成品造型。如图 3-1-17 所示。

（1）　　　　　　　　　（2）

图 3-1-13

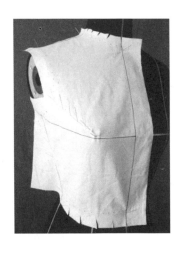

图 3-1-14

图 3-1-15

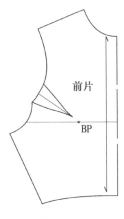

前片

*BP

图 3-1-16

图 3-1-17

**实例二：肩省**

此款式前中心连折，将胸围与腰围之间的余量转移至前衣片肩线处成为肩省，合体式设计。如图 3-1-18 所示。

A 准备工作：

① 在人台上用标记线标出省道的造型线，因为此款式是对称式设计，所以只操作衣身右前半面。

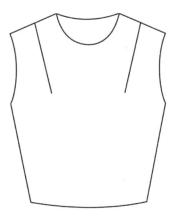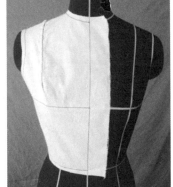

（1）款式图　　　　　　（2）成品造型图

图 3-1-18

② 准备一块长方形面料，纵向长为前腰节长加上 8 cm（缝份和调节量），横向宽为前胸围/2 加上 10 cm（缝份和调节量）。将面料经纬纱向矫正，调整好熨斗温度，无需蒸汽熨烫平服。在面料上用笔分别画出两条基础线，纵向为前中心线和横向的胸围线，根据人台颈部的测量尺寸用曲线板画出暂时的领口线，修剪掉多余部分，如图 3-1-19 所示。

**小贴示**：立裁时为减少颈部面料的绷紧感，准备面料时可以预裁出领口弧线形，方便领口立裁操作和修改。

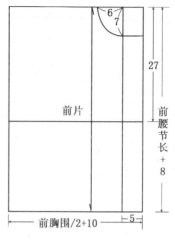

图 3-1-19

B 操作方法：

① 固定面料。将面料的纵横向基准线对齐人台的前中心线和胸围线，理顺面料并用大头针双针固定纵向的前领窝点、腰线与前中心的交点，横向的胸高点，如图 3-1-20 所示。

② 确定领口。从前领窝处沿着领围线将面料推顺，面料绷紧处可间隔打剪口，用大头针固定侧颈点后预留出缝份，修剪掉多余面料，如图 3-1-21 所示。

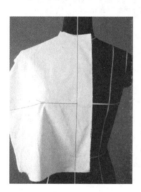

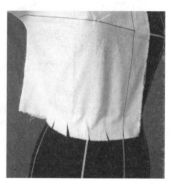

图 3-1-20          图 3-1-21          图 3-1-22

③ 确定腰部。从前中心向侧缝处推顺面料，不平服处打剪口，腰部留有少许松量，用大头针固定侧腰点后预留出缝份，修剪掉多余面料，如图 3-1-22 所示。

④ 确定侧缝和袖窿。从腰部向上推顺面料，大头针固定并用胶带标记出侧缝线，修剪掉袖窿处多余面料，确定出袖窿，用大头针固定肩端点，如图 3-1-23 所示。

⑤ 确定肩省和肩线。将肩部面料的余量推至预设的省道线上，用大头针固定省道后确定肩线，如图 3-1-24 所示。

⑥ 点影。将前衣片各部位调整好后，按人台标记线用笔依次画出衣片内部结构线和外部轮廓线，注意线迹要均匀、清晰，如图 3-1-25 所示。

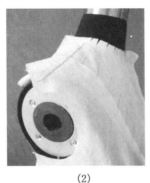

　　　　　　　　　　　　　（1）　　　　　　　　　　（2）

　　　图 3-1-23　　　　　　　图 3-1-24　　　　　　　图 3-1-25

　　⑦ 画样、整理：将衣片从人台上取下，用笔和尺子将各标记点连接，袖窿开深 2 cm，胸围加放1.5 cm，弧线处修顺，省尖距离胸高点一定距离。核对样片后修正缝份，修剪去多余面料，如图 3-1-26 所示。

　　C 平面纸样：如图 3-1-27 所示。

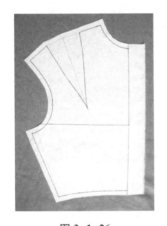
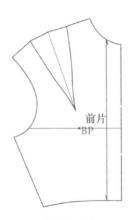

　　　图 3-1-26　　　　　　　图 3-1-27　　　　　　　图 3-1-28

　　D 成品造型：如图 3-1-28 所示。

　　**小贴示**：在弧线或凹陷部位立裁时，面料绷紧处可打剪口使其平服，注意剪口不能剪至或超出造型轮廓线。开剪口时要试探修剪，不要一次开剪过深。

　　**实例三：前中省**

　　此款式前中心胸围线以上连折，胸围线以下将胸围与腰围之间的余量转移至前衣片前中心成为前中省，合体式设计。如图 3-1-29 所示。

　　（1）款式图　　　　　（2）成品造型

　　　　图 3-1-29

A 准备工作：

① 在人台上用标记线标出省道的造型线，因为此款式是对称式设计，所以只操作衣身右前半面。

② 准备一块长方形面料，纵向长为前腰节长加上 8 cm（缝份和调节量），横向宽为前胸围/2 加上 10 cm（缝份和调节量）。将面料经纬纱向矫正，调整好熨斗温度，无需蒸汽熨烫平服。在面料上用笔分别画出两条基础线，纵向为前中心线和横向的胸围线，根据人台颈部的测量尺寸用曲线板画出暂时的领口线，修剪掉多余部分，如图 3-1-30 所示。

B 操作方法：

① 固定面料。将面料的纵横向基准线对齐人台的前中心线和胸围线，理顺面料并用大头针双针固定纵向的前领窝点、腰线与前中心的交点，横向的胸高点，如图 3-1-31 所示。

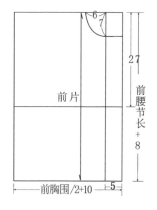

图 3-1-30　备料图　　　　　　　　　　　图 3-1-31

② 确定领口和肩部。从前领窝处沿着领围线将面料推顺，面料绷紧处可间隔打剪口，用大头针固定侧颈点。沿肩部将面料推顺固定，用胶带标记出肩线后预留出缝份，修剪掉多余面料，如图 3-1-32 所示。

（1）　　　　　　　　　　　（2）

图 3-1-32　　　　　　　　　　　　　　　图 3-1-33

③ 确定袖窿和侧缝。将面料沿袖窿线推平，不平服处打剪口，沿袖窿向下推顺侧缝，用大头针固定后标记出侧缝线，如图 3-1-33 所示。

④ 确定腰部和前中省。沿腰部将面料抚平用大头针固定，将面料的余量沿前中心线向上推至预设的省道线上，用大头针固定省道后标记出前中线，如图 3-1-34 所示。

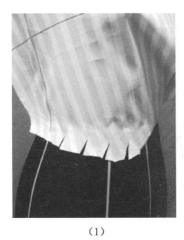  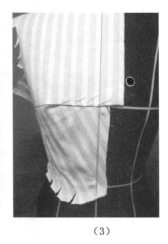

（1）　　　　　　　　　　（2）　　　　　　　　　　（3）

图 3-1-34

⑤ 点影。将前衣片各部位调整好后，按人台标记线用笔依次画出衣片内部结构线和外部轮廓线，注意线迹要均匀、清晰，如图 3-1-35 所示。

⑥ 画样、整理。将前衣片从人台上取下，用笔和尺子将各标记点连接，袖窿开深 2 cm，胸围加放1.5 cm，弧线处修顺，省尖距离胸高点一定距离。核对样片后修正缝份，修剪去多余面料，如图 3-1-36 所示。

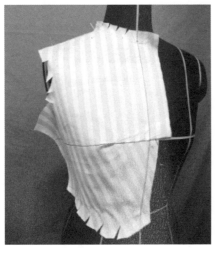

图 3-1-35

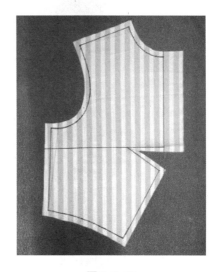

图 3-1-36

C 平面纸样：如图 3-1-37 所示。

D 成品造型：如图 3-1-38 所示。

图 3-1-37　平面纸样图

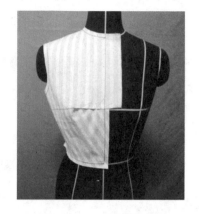

图 3-1-38　成品造型图

### 实例四：肩部交叉省

此款式为省道相互交叉的变化形式，右侧省道的余量集中在前衣片左侧的肩部，而左侧省道的省量与右侧省道线相交，合体式设计。如图 3-1-39 所示。

（1）款式图

（2）成品造型图

图 3-1-39

A 准备工作：

① 在人台上用标记线标出省道的造型线，如图 3-1-40 所示。

② 准备一块长方形面料，纵向长为前腰节长加上 12 cm（缝份和调节量），横向宽为前胸围加上 11 cm（缝份和调节量）。将面料经纬纱向矫正，调整好熨斗温度，无需蒸汽熨烫平服。在面料上用笔分别画出两条基础线，纵向为前中心线，横向为胸围线，如图 3-1-41 所示。

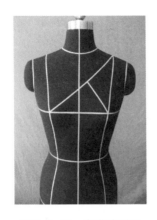

图 3-1-40 省道造型线

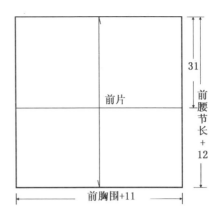

图 3-1-41 备料图

B 操作方法：

① 固定面料。将面料的纵横向基准线对齐人台的前中心线和胸围线，理顺面料并用大头针双针固定纵向的前领窝点、腰线与前中心的交点，横向的左、右侧胸高点，如图 3-1-42 所示。

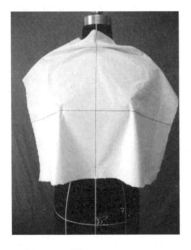

图 3-1-42

图 3-1-43

② 确定左、右腰部。从前中心向左、右侧缝处推顺面料，不平服处打剪口，腰部留有少许松量，用大头针固定左、右腰点后预留出缝份，修剪掉多余面料，如图 3-1-43。

③ 确定左、右侧缝和袖窿。从腰部向上推顺并固定左、右侧缝，用标记线标记出侧缝线。沿侧缝向上，修剪掉多余面料，用大头针固定袖窿和左、右肩点，如图3-1-44（1）～（4）所示。

④ 确定右侧的肩部和领口。将右侧肩部和领口面料推顺，用大头针固定肩点和侧颈点，用胶带标记出右侧肩线。确定出领口，面料的余量推至左侧肩部，面料绷紧处可间隔打剪口，后预留缝份，修剪掉多余面料，如图 3-1-45 所示。

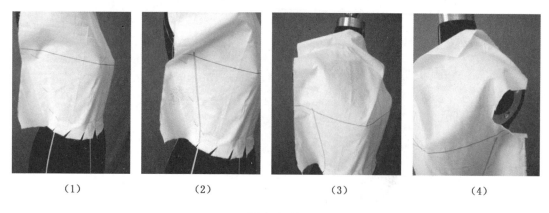

（1）　　　　　（2）　　　　　（3）　　　　　（4）

图 3-1-44

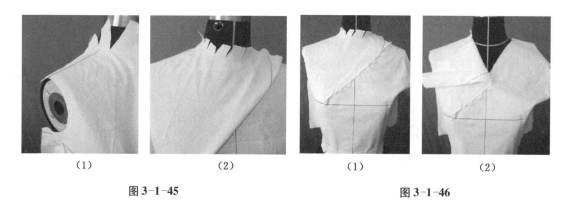

（1）　　　　　（2）　　　　　　　　　（1）　　　　　（2）

图 3-1-45　　　　　　　　　　　图 3-1-46

⑤ 确定第一条省道。将面料的余量推至左侧预设的第一条省道线上用大头针固定，检查无误后，沿省道中心线把面料剪开至两条省道交叉处，如图 3-1-46 所示。

⑥ 确定第二条省道。将左侧面料的余量推至预设的第二条省道线上，用大头针固定省道后修剪去多余面料。再用大头针将第一条省道与第二条省道交叉固定，具体操作如图 3-1-47 所示。

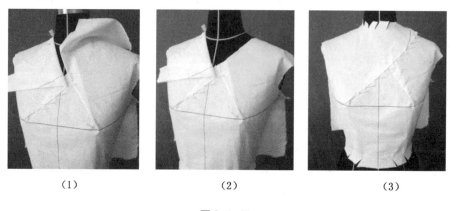

（1）　　　　　（2）　　　　　（3）

图 3-1-47

⑦ 点影。将前衣片各部位调整好后，按人台标记线用笔依次画出衣片内部结构线和外部轮廓线，注意线迹要均匀、清晰，如图 3-1-48 所示。

⑧ 画样、整理。将前衣片从人台上取下，用笔和尺子将各标记点连接，袖窿开深2 cm，胸围加放1.5 cm，弧线处修顺，省尖距离胸高点一定距离。核对样片后修正缝份，修剪去多余面料，如图 3-1-49 所示。

C 平面纸样：如图 3-1-50 所示。

D 成品造型：如图 3-1-51 所示。

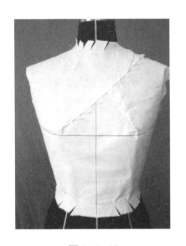

图 3-1-48

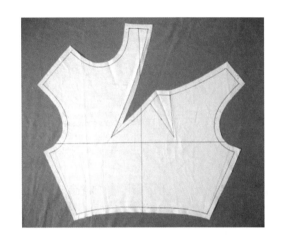

图 3-1-49

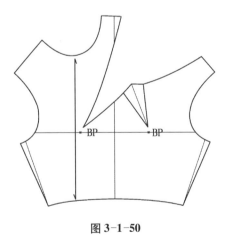

图 3-1-50

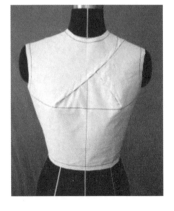

图 3-1-51

（2）双省

双省是指在服装两个部位设立的省道。是将服装与人体之间的余量分散于两处，每个省量相对于单省省量较小些。

**实例一：双省变化款式**

此款式为双省不对称形式，在肩部左侧设置两个省道，腰部右侧设置两个省道，是将胸腰之间的差量分散到省道之中，合体式设计。如图 3-1-52 所示。

（1）款式图

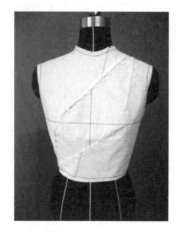

（2）成品造型图

图 3-1-52

A 准备工作：

① 在人台上用标记线标出省道的造型线，如图 3-1-53 所示。

② 准备一块长方形面料，纵向长为前腰节长加上 12 cm（缝份和调节量），横向宽为前胸围加上 8 cm（缝份和调节量）。将面料经纬纱向矫正，调整好熨斗温度，无需蒸汽熨烫平服。在面料上用笔分别画出两条基础线，纵向为前中心线，横向为胸围线，如图 3-1-54 所示。

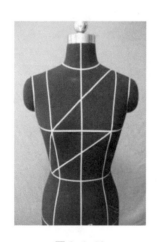

图 3-1-53

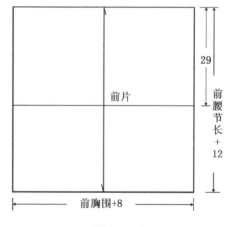

图 3-1-54

B 操作方法：

① 固定面料。将面料的纵横向基准线对齐人台的前中心线和胸围线，理顺面料并用大头针双针固定纵向的前领窝点、腰线与前中心的交点，横向的胸高点，如图 3-1-55 所示。

② 确定左、右袖窿和右侧肩部。胸围线摆正，将面料向上分别推顺左、右袖窿，修剪掉多余面料。抚平右侧肩部，用大头针固定后标记出肩线，修剪掉多余面料，如图 3-1-56 所示。

图 3-1-55

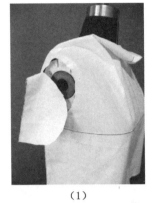

（1）　　　　　　　　　　　（2）

图 3-1-56

③ 确定领口。沿着领围线将面料推顺，面料绷紧处可间隔打剪口，用大头针固定后标记出领口线，如图 3-1-57 所示。

④ 确定左肩省。将左侧肩部面料的余量合理分配到预设的两条省道线上，用大头针分别固定两条省道。抚平左侧肩部，用大头针固定后标记出肩线，修剪掉多余面料，如图 3-1-58 所示。

（1）　　　　　　　　　　　（2）

图 3-1-57

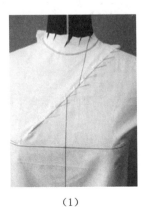

（1）　　　　　　　（2）　　　　　　　（3）　　　　　　　（4）

图 3-1-58

⑤ 确定左、右侧缝。胸围线摆正，从胸围线分别向下推顺左、右侧缝，用大头针分别固定，再用胶带标记出左、右侧缝线，如图 3-1-59 所示。

（1）　　　　　　　　　　　　　　　　　（2）

图 3-1-59

⑥ 确定右侧腰省。从左侧缝沿腰部将面料抚平，不平服处打剪口，用大头针分段固定至省道线处。将腰部面料的余量合理分配到预设的两条省道线上，用大头针分别固定省道，如图 3-1-60 所示。

（1）　　　　　　（2）　　　　　　（3）　　　　　　（4）

图 3-1-60

⑦ 点影。将前衣片各部位调整好后，先用胶带标记出腰线再用笔依次画出衣片内部结构线和外部轮廓线，注意线迹要均匀、清晰，如图 3-1-61 所示。

⑧ 画样、整理。将前衣片从人台上取下，用笔和尺子将各标记点连接，袖窿开深 2 cm，胸围加放 1.5 cm，弧线处修顺，省尖距离胸高点一定距离。核对样片后修正缝份，修剪去多余面料，如图 3-1-62 所示。

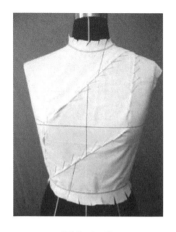

图 3-1-61

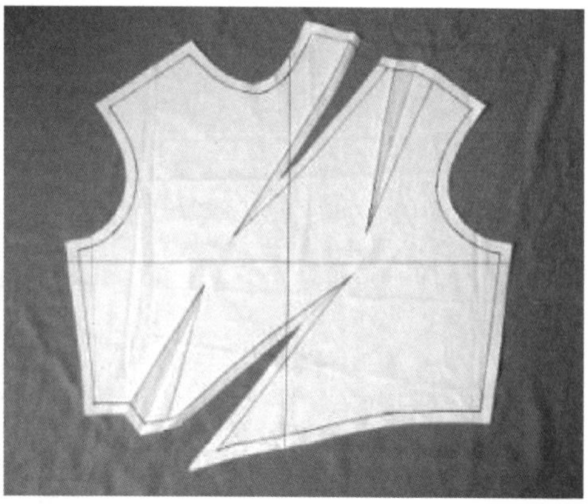

图 3-1-62

C 平面纸样：如图 3-1-63 所示。

D 成品造型：如图 3-1-64 所示。

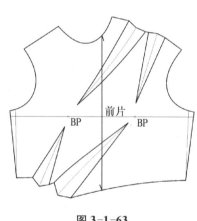

图 3-1-63

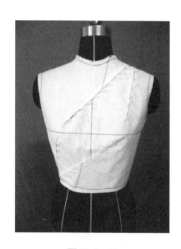

图 3-1-64

（3）多省

多省是指省量分成多份放在服装一个部位或多个部位的省道。是将服装与人体之间的余量分散于多处。

**实例一：肩部三个省**

此款式在肩部左、右各设置三个省道，是将胸腰之间的差量合理分配到肩部省道之中，合体式设计。如图 3-1-65 所示。

A 准备工作：

① 在人台上用标记线标出省道的造型线，因为此款式是对称式设计，所以只操作衣身右前半面，如图 3-1-66 所示。

② 准备一块长方形面料，纵向长为前腰节长加上 8 cm（缝份和调节量），横向宽为前胸围/2 加上 10 cm（缝份和调节量）。将面料经纬纱向矫正，调整好熨斗温度，无

需蒸汽熨烫平服。在面料上用笔分别画出两条基础线，纵向为前中心线，横向为胸围线，根据人台颈部的测量尺寸用曲线板画出暂时的领口线，修剪掉多余部分，如图3-1-67 所示。

图 3-1-65　款式图

图 3-1-66

图 3-1-67

B 操作方法：

① 固定面料。将面料的纵横向基准线对齐人台的前中心线和胸围线，理顺面料并用大头针双针固定纵向的前领窝点、腰线与前中心的交点，横向的胸高点，如图3-1-68 所示。

② 确定领口。从前领窝处沿着领围线将面料推顺，面料绷紧处可间隔打剪口，用大头针固定侧颈点，用胶带标记出领口线，如图3-1-69 所示。

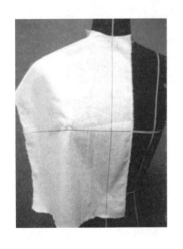

图 3-1-68

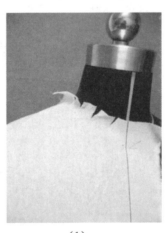

（1）

（2）

图 3-1-69

③ 确定腰部。从前中心沿着腰部将面料抚平，不平服处打剪口，腰部留有少许松量，用大头针固定，如图 3-1-70 所示。

④ 确定侧缝和袖窿。从腰部向上推顺侧缝，用大头针固定，再用胶带标记出侧缝线。在袖窿处修剪去多余面料，固定出肩点，如图 3-1-71 所示。

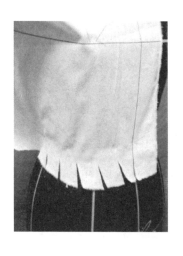

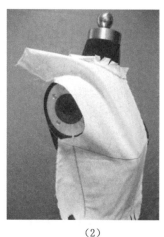

　　　　图 3-1-70

（1）　　　　　　　　　　　　　　（2）

　　　　图 3-1-71

⑤ 确定肩省和肩线。将肩部面料的余量合理分配到预设的三条省道线上，分别用大头针固定，再用胶带标记出肩线，如图 3-1-72 所示。

⑥ 点影。将前衣片各部位调整好后，先用胶带标记出腰线再用笔依次画出衣片内部结构线和外部轮廓线，注意线迹要均匀、清晰，如图 3-1-73 所示。

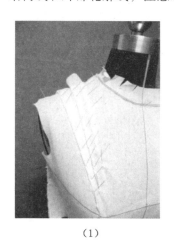

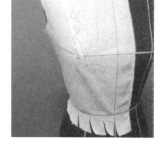

（1）　　　　　　　　　　　　　　（2）

　　　　图 3-1-72

　　　　图 3-1-73

⑦ 画样、整理。将前衣片从人台上取下，用笔和尺子将各标记点连接，袖窿开深 2 cm，胸围加放1.5 cm，弧线处修顺，省尖距离胸高点一定距离。核对样片后修正缝份，修剪去多余面料，如图 3-1-74 所示。

C 平面纸样：如图 3-1-75 所示。

D 成品造型：如图 3-1-76 所示。

图 3-1-74          图 3-1-75          图 3-1-76

### 实例二：多省

此款式分别领口、肩部、腰部三处各设置一个省，外观造型富有动感，合体式设计，如图 3-1-77 所示。

A 准备工作：

① 在人台上用标记线标出省道的造型线，因为此款式是对称式设计，所以只操作衣身右前半面，如图 3-1-78 所示。

② 准备一块长方形面料，纵向长为前腰节长加上 8 cm（缝份和调节量），横向宽为前胸围/2 加上 10 cm（缝份和调节量）。将面料经纬纱向矫正，调整好熨斗温度，无需蒸汽熨烫平服。在面料上用笔分别画出两条基础线，纵向为前中心线，横向为胸围线，根据人台颈部的测量尺寸用曲线板画出暂时的领口线，修剪掉多余部分，如图 3-1-79 所示。

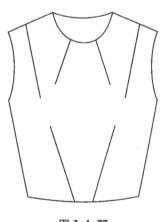

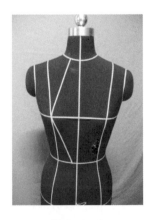

图 3-1-77          图 3-1-78          图 3-1-79

B 操作方法：

① 固定面料。将面料的纵向横基准线对齐人台的前中心线和胸围线，理顺面料并用

大头针双针固定纵向的前领窝点、腰线与前中心的交点，横向的胸高点，如图 3-1-80 所示。

　　② 确定袖窿线。胸围线摆正，先修剪掉袖窿处多余面料，用大头针固定肩点，如图 3-1-81 所示。

图 3-1-80　　　　　　　　　　　图 3-1-81

　　③ 确定肩省和肩线。将面料的余量合理分配到预设的肩省和领口省道线上，先用大头针将肩省固定，再用胶带标记出肩线，如图 3-1-82 所示。

 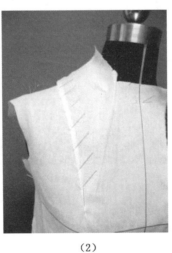 

（1）　　　　　　　　　　　（2）　　　　　　　　　　　（3）

图 3-1-82

　　④ 确定领口省和领口线。用大头针固定领口省道线，面料绷紧处可间隔打剪口，再用胶带标记出领口线，如图 3-1-83 所示。

　　⑤ 确定侧缝线。从胸围线向下推顺侧缝，用大头针固定，再用胶带标记出侧缝线，如图 3-1-84 所示。

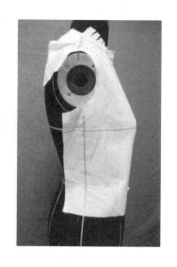

| （1） | （2） | |
|---|---|---|
| 图 3-1-83 | | 图 3-1-84 |

⑥ 确定腰省和腰线。将腰部面料的余量推至预设的省道线上，不平服处打剪口，腰部留有少许松量，用大头针固定，再用胶带标记出腰线，如图 3-1-85 所示。

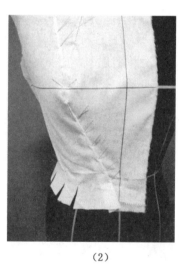
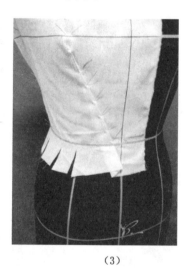

| （1） | （2） | （3） |
|---|---|---|

图 3-1-85

⑦ 点影。将前衣片各部位调整好后，按人台标记线用笔依次画出衣片内部结构线和外部轮廓线，注意线迹要均匀、清晰。

⑧ 画样、整理。将前衣片从人台上取下，用笔和尺子将各标记点连接，袖窿开深2 cm，胸围加放1.5 cm，弧线处修顺，省尖距离胸高点一定距离。核对样片后修正缝份，修剪去多余面料，如图 3-1-86 所示。

C 平面纸样：如图 3-1-87 所示。

D 成品造型：如图 3-1-88 所示。

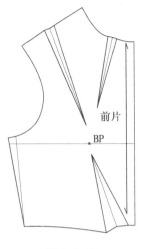
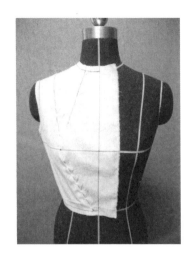

图 3-1-86          图 3-1-87          图 3-1-88

### 4. 省的转换形式

普通型省道多为封闭形，将面料多余量缉缝固定，而褶是特殊省道的一种，造型呈现立体浮雕的效果，将面料多余量转移至褶量之中，在符合人体曲面造型的同时，又能满足造型设计的需要。如图 3-1-89 所示，肩省转变成褶。褶量的确定一是利用基础省量转移达到，主要针对于适体设计；二是在原有省量的基础上依据造型需要加放松量，形成更为宽松的造型。在礼服设计中，也经常运用这一结构形式。褶按外观形态和折叠方式分为自然褶和规律褶。自然褶又分为缩褶和波浪褶。缩褶又称为抽褶、碎褶等，是通过缩缝、挤压等手段将面料某部分聚拢收缩，形成许多细碎的褶皱，外观形态自然活泼。波浪褶是指利用面料自身结构的悬垂性形成的自然波浪形态，外观线条柔和、飘逸。规律褶又称为折裥，它分为顺向裥、箱形裥和风琴裥。顺向裥是按同一方向折叠而成。箱形裥是指向两个方向折叠而成，外观形态有明裥和暗裥两种形式。风琴裥因外观形态似

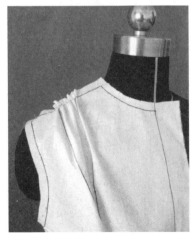

(1)                    (2)

图 3-1-89

手风琴的琴身而得名，又称百褶，是通过熨烫定型，面料之间没有折叠，形成立起的折裥群组形态。塔克也是规律褶的一种，只是要将全部或部分折裥缉缝固定，在外观形成自然灵动的造型效果。

## 二、分割线在礼服中的应用

### 1. 分割线形成的原理

（1）分割线的概念

顾名思义分割线是将完整物体平面分离、割开形成的线条。在此讲述的是服装上的分割线，它是指为了适合人体和造型需要，将服装衣片进行分割拼接而形成的线条。

（2）分割线的种类

在服装设计中通过分割线对服装进行分割处理，可借助视错原理改变人体的自然形态，创造理想的比例和完美的造型。在服装上分割线主要体现在前后中心线、省道线、褶裥线、底边线和装饰缝线等。

按外观形态分直线分割、折线分割、曲线分割。直线分割按线条方向又分为横向分割、纵向分割、斜向分割。如图3-1-90所示。

（1）直线分割　　　　　　　　　　（2）折线分割

（3）曲线分割

图3-1-90

### 2. 分割线的设计

分割线具有功能性与装饰性的作用，它是省道设计的变化形式，是省道设计的深化与延伸，比省道设计更富有表现力。在设计时要注意两点原则：

（1）要体现人体与服装的整体美

为了塑造人体体型的曲面形态，满足人体日常活动的功能性，紧身或合体式服装往往设计多个省道，这样做会使衣片结构太过零碎又降低缝制效率。用一种简单的方法，化整为零形成新的表现形式，既塑造了人体形态又对服装造型起到了装饰美化的作用，这种方法便是"连省成缝"。即在结构中将相关联的省道进行连接成缝线处理，如图3-1-91所示。在服装造型中除了连省成缝的结构形式，往往为了丰富款式变化，而有意设计经裁开再缝合的分割线形式，内部不包含省量，这时就要从服装造型的美感出发，同时考虑到工艺的可实现性，不管是将省量隐藏在分割线中还是有意分割面料再缝合这些都是具象的、真实的分割，也可以是抽象的，不破坏面料本身，而是利用面料自身纹样或其它工艺手段（打褶、刺绣、染色等）来达到可移动的装饰效果，形成视觉上装饰分割。总之，在进行分割线设计时，要充分运用线条引导的视觉语言，刻画细节，兼顾全局，使分割线充分施展它的装饰美化功能，赋予服装造型以活泼、大方的节奏感和韵律感。

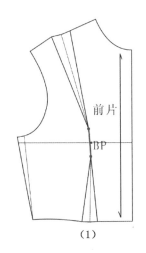
（1）

（2）

（3）

图 3-1-91

（2）要考虑面料特性

原则上讲，分割线的数量越多，则服装的可塑性就越强，服装的合体程度就越高。分割线在为服装造型增添了形式美感的同时，在设计时还要针对不同面料，作出相应调整，比如针对条纹、条格面料，做分割设计时在满足服装功能性的基础上，要充分考虑设计美感。对于条纹面料在收省时要隐藏于结构线中，避免横向、纵向、斜向交错，造成视觉混乱。再如易损面料、薄型面料、皮革面料、蕾丝和针织面料等，都不易在服装结构上设计过多的分割线，影响成品外观及穿着牢度。

### 3. 分割线的应用

服装造型是包裹人体曲面外轮廓的三维立体造型，是由线、面、体组成的外轮廓造型。因此，通过不同直线、折线、曲线进行横向、纵向、斜向或自由组合（镶边、嵌条、缀花边、荷叶边、压明线等）多种形式来设计出不同的风格和情感特征的服装外型轮廓造型，诠释出不同的服装艺术内涵。

分割线设计与省道设计的本质完全相同，它是省道设计的变化形式，是省道设计的深化与延伸，比省道设计更富有表现力。从某种意义上讲，分割线的数量越多，则服装的可塑性就越强，服装的合体程度就越高。

（1）直线分割的应用

直线在视觉中是一种最简洁、最单纯的线，直线给人以硬挺、坚强的感觉。直线可分为水平线、垂直线和斜线三种。水平线呈现其横向的、平静的、宽广的、安稳的特性，在服装造型上应用于肩部、胸部、腰部、臀部和底摆处等部位进行横向分割。垂直线与水平线相对，呈现其挺拔、上升、权威的感觉，具有一种向上的力和纵向的动感，在服装造型上应用于前、后中心、肩部、胸部、腰部、臀部等部位进行纵向分割来增加其修长和挺拔感。此外，水平线与垂直线相结合时能产生丰富多变之感，恰当的横纵向分割组合可以使服装造型获得更多的可变空间。斜线具有不稳定、倾倒、分离的特性，斜线较水平和垂直线而言，在视觉上显得更具动感、不安定感和增长感，在服装造型上可以多部位灵活应用进行斜向分割，求得活泼与动感。

**实例一：腰部育克**

此款式在前衣片胸下设计横向直线分割，是将胸腰之间的差量一部分设计成省道，一部分合并入腰部分割中，合体式设计。如图3-1-92所示。

A 准备工作：

① 在人台上用标记线标出衣片的造型线，因为此款式是对称式设计，所以只操作衣身前半面，如图3-1-93所示。

② 准备两块长方形面料，按人台测量出的长度和围度各自加上缝份量和调节量。分别将两块面料经纬纱向矫正，调整好熨斗温度，无需蒸汽熨烫平服。在面料上用笔分别画出两条基础线，纵向为前中心线，横向为胸围线，根据人台颈部的测量尺寸用曲线板画出暂时的领口线，修剪掉多余部分，如图3-1-94所示。

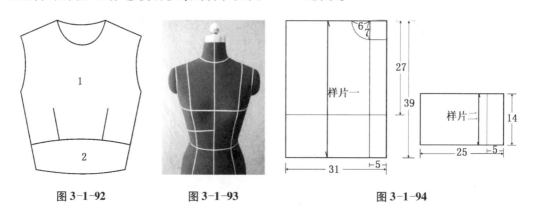

图3-1-92　　　　　图3-1-93　　　　　图3-1-94

B 操作方法：

**样片一的操作方法**

① 固定样片一。将面料的纵向横基准线对齐人台的前中心线和胸围线，理顺面料并

用大头针双针固定，如图3-1-95所示。

　　② 确定领口和肩线。从前领窝处沿着领围线将面料推顺，面料绷紧处可间隔打剪口，用大头针固定侧颈点，用胶带标记出领口线。沿着肩部将面料推顺，用大头针固定后标记出肩线，如图3-1-96所示。

（1）　　　　　　　　　（2）　　　　　　　　　（3）

图 3-1-95　　　　　　　　　　　　　　　　　图 3-1-96

　　③ 确定袖窿和侧缝线。沿着袖窿向下推顺至侧缝，不平服处打剪口，修剪去多余面料，用大头针固定后标记出侧缝线，如图3-1-97所示。

 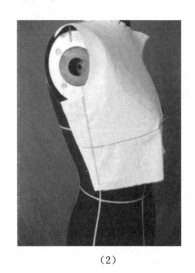

（1）　　　　　　　　　　　　　　　（2）

图 3-1-97

　　④ 确定胸省。将面料的余量推至预设的省道线上，折叠省道用大头针固定，用胶带标记出分割线，如图3-1-98所示。

**样片二的操作方法**

　　① 固定样片二。将面料的纵向基准线对齐人台的前中心线，理顺面料并用大头针双针固定，如图3-1-99所示。

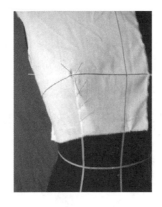 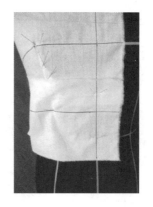

图 3-1-98 图 3-1-99

② 确定分割线。将面料沿着预设的分割线推顺，不平服处打剪口，用大头针固定后标记出分割线，如图 3-1-100 所示。

 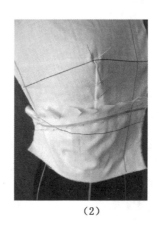

（1） （2）

图 3-1-100

③ 确定腰线和侧缝线。将腰部面料推顺，不平服处打剪口，腰部留有少许松量，用大头针固定后标记出腰线和侧缝线，如图 3-1-101 所示。

（1） （2）

图 3-1-101

最后，将两个样片从人台上取下，用笔和尺子将各标记点连接，袖窿开深2 cm，胸围加放1.5 cm，弧线处修顺，省尖距离胸高点一定距离。核对样片后修正缝份，修剪去多余面料，如图3-1-102所示。

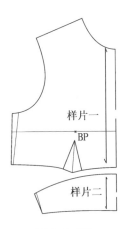

图 3-1-102　　　　　　　　图 3-1-103　　　　　　　　图 3-1-104

C 平面纸样：如图 3-1-103 所示。

D 成品造型：如图 3-1-104 所示。

**实例二：斜向分割**

此款式在前衣片设计两条不对称式斜向直线分割，是将省量分配在分割线内，合体式设计，外观造型呈现动感。如图 3-1-105 所示。

A 准备工作：

① 在人台上用标记线标出衣片的造型线，如图 3-1-106 所示。

② 准备三块长方形面料，按人台测量出的长度和围度各自加上缝份量和调节量。分别将三块面料经纬纱向矫正，调整好熨斗温度，无需蒸汽熨烫平服，在面料上用笔画出基础线，如图 3-1-107 所示。

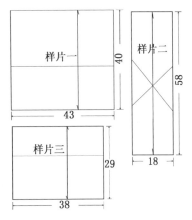

图 3-1-105　　　　　　　　图 3-1-106　　　　　　　　图 3-1-107

B 操作方法：

**样片一的操作方法**

① 固定样片一。将面料的纵向横基准线对齐人台的前中心线，理顺面料并用大头针双针固定，如图 3-1-108 所示。

② 确定领口和肩线。先从前领窝处沿着领围线将面料推顺，面料绷紧处可间隔打剪口，用大头针固定侧颈点，用胶带标记出领口线。再将左、右肩部面料抚平，分别用大头针固定后用笔标记出左、右肩线，如图 3-1-109 所示。

③ 确定袖窿和侧缝线。先将面料沿着右侧袖窿线推顺，修剪去多余面料后用笔标记出右袖窿线。再将右侧缝处面料推顺，用大头针固定后用胶带标记出侧缝线，如图 3-1-110 所示。

图 3-1-108

（1）

（2）

（3）

（4）

图 3-1-109

（1）

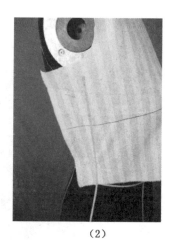
（2）

图 3-1-110

④ 确定分割线。按预设的分割线造型将面料推顺，用大头针固定，再用胶带标记出分割线造型，预留出缝份，修剪去多余面料，如图 3-1-111 所示。

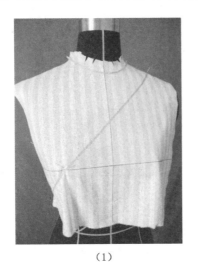

　　　　　（1）　　　　　　　　　　　　　（2）

图 3-1-111

**样片二的操作方法**

① 固定样片二。采用斜纱，将面料画好的纵向基准线对齐人台的前中心线，理顺面料并用大头针双针固定，如图 3-1-112 所示。

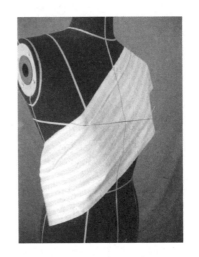

图 3-1-112　　　　　　　　　　　图 3-1-113

② 确定第一条分割线。将胸围线摆正，向上将左侧肩部面料推顺，向下将右侧缝处面料推顺，用大头针固定，再用胶带按预设的分割线造型标记出分割线，如图 3-1-113 所示。

③ 确定右侧侧缝线和腰线。先将面料沿着右侧侧缝和腰线推顺，不平服处打剪口，用大头针固定后用笔标记出右侧侧缝和腰线，如图 3-1-114 所示。

(1)

(2)

图 3-1-114

④ 确定左侧肩线和袖窿线。先将面料沿着左侧肩部和袖窿处推顺,用大头针固定后用笔标记出左侧肩线和袖窿线,具体操作见图 3-1-115。

图 3-1-115

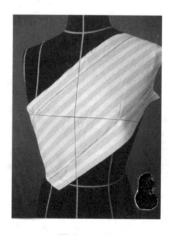
图 3-1-116

⑤ 确定第二条分割线。先将面料理顺,再用胶带按预设的分割线造型标记出分割线,具体操作见图 3-1-116。

**样片三的操作方法**

① 固定样片三。将面料的纵向基准线对齐人台的前中心线,理顺面料并用大头针双针固定,如图 3-1-117 所示。

② 确定腰线。先将面料从右侧沿着腰线推顺,不平服处打剪口,用大头针分段固定后用胶带标记出腰线,如图 3-1-118 所示。

③ 确定侧缝和袖窿线。先将面料沿着左侧侧缝线向上推顺,用大头针固定后标记出左侧侧缝线。再将面料向上沿袖窿线推顺,大头针固定后标记出左侧袖窿线,如图 3-1-119 所示。

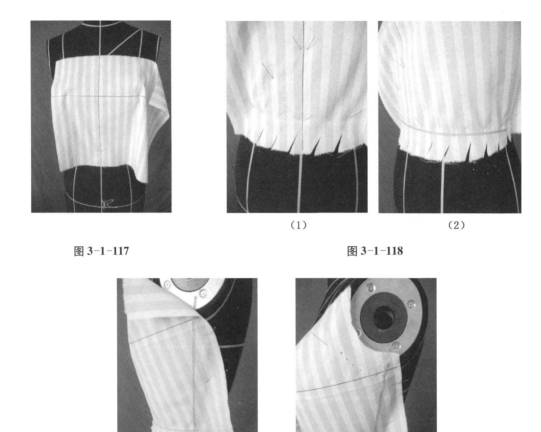

图 3-1-117　　　　　　　　　　　　　　　　图 3-1-118

　　　　　　　　　　　　（1）　　　　　　　　　　　（2）

　　　　　　　　　　　　（1）　　　　　　　　　　　（2）

图 3-1-119

　④ 确定分割线。先将面料理顺，再用胶带按预设的分割线造型标记出分割线，预留出缝份，修剪去多余面料，如图 3-1-120 所示。

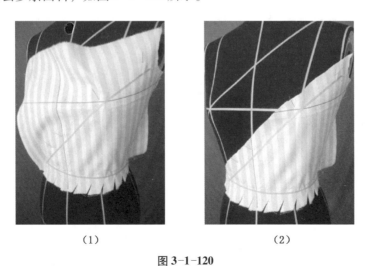

　　　　　　　　　（1）　　　　　　　　　　　　　　（2）

图 3-1-120

最后，将样片从人台上取下，用笔和尺子将各标记点连接，袖窿开深 2 cm，胸围加放 1.5 cm，弧线处修顺。核对样片后修正缝份，修剪去多余面料，如图 3-1-121 所示。

C 平面纸样：如图 3-1-122 所示。

D 成品造型：如图 3-1-123 所示。

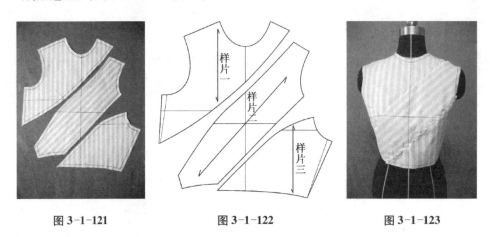

图 3-1-121　　　　　图 3-1-122　　　　　图 3-1-123

**小贴示**：做分割设计时，利用面料斜纱良好的悬垂性和拉抻性，易使服装造型更合体美观，缺点是会增加缝制工艺难度。

（2）折线分割的应用

折线是直线之间的水平与斜向、纵向与斜向等多变组合，在服装设计中应用折线分割可以塑造出新颖的、带有强烈个性的服装造型。

**实例一：折线分割**

此款式在前衣片中心设计折线分割，是将省量分配在分割线内，合体式设计。如图 3-1-124所示。

A 准备工作：

① 在人台上用标记线标出衣片的造型线，因为此款式是对称式设计，所以只操作衣身右前半面，如图 3-1-125 所示。

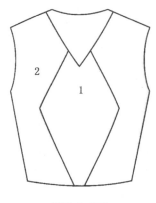
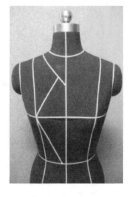

图 3-1-124　　　　　　　　图 3-1-125

② 准备两块长方形面料，按人台测量出的长度和围度各自加上缝份量和调节量。分别将两块面料经纬纱向矫正，调整好熨斗温度，无需蒸汽熨烫平服。在面料上用笔分别画出两条基础线，纵向为前中心线，横向为胸围线，如图 3-1-126 所示。

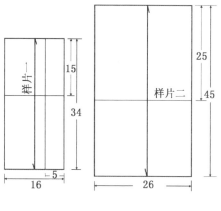

图 3-1-126

B 操作方法：

**样片一的操作方法**

① 固定样片一。将样片一的纵横向基准线对齐人台的前中心线和胸围线，理顺面料并用大头针双针固定，如图 3-1-127 所示。

② 确定分割线。按预设的造型分割线推顺面料，用大头针固定，检查无误后点影，预留出缝份，修剪面料，如图 3-1-128 所示。

样片二的操作方法

① 固定样片二。将样片二的横纵向基准线对齐人台的标记线，理顺面料并用大头针双针固定，如图 3-1-129 所示。

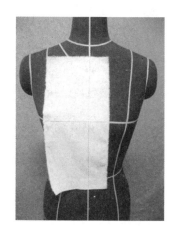
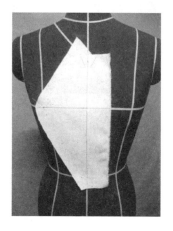
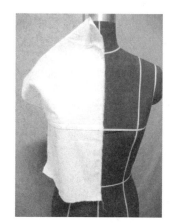

图 3-1-127            图 3-1-128            图 3-1-129

② 确定袖窿线和肩线。胸围线摆正，先由胸围线向上沿袖窿和肩部分别将面料推顺，用大头针固定，检查无误后点影，如图 3-1-130 所示。

③ 确定侧缝线和腰线。胸围线摆正，向下沿侧缝推顺面料，大头针固定后用胶带标记出侧缝线。腰部面料不平服处打剪口，并留有少许松量，用大头针固定，再用胶带标记出腰线。检查无误后点影，预留出缝份，修剪面料，如图 3-1-131 所示。

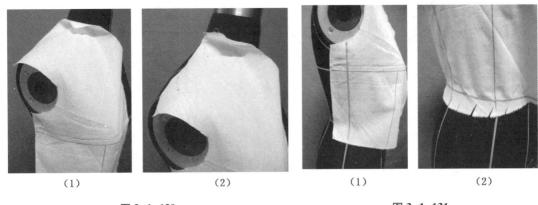

（1）　　　　　　　　（2）　　　　　　　　（1）　　　　　　　　（2）

图 3-1-130　　　　　　　　　　　　　图 3-1-131

④ 确定分割线。按预设的造型分割线推顺面料，用大头针固定，检查无误后点影，预留出缝份，修剪面料，如图 3-1-132 所示。

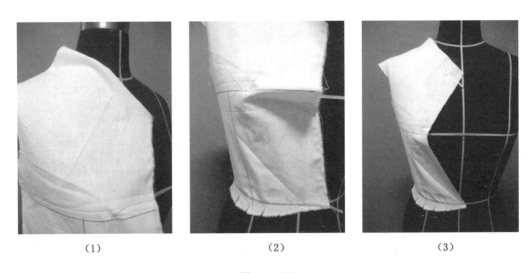

（1）　　　　　　　　　　（2）　　　　　　　　　　（3）

图 3-1-132

最后，将样片从人台上取下，用笔和尺子将各标记点连接，袖窿开深 2 cm，胸围加放1.5 cm，弧线处修顺。核对样片后修正缝份，修剪去多余面料，如图 3-1-133 所示。

C 平面纸样：如图 3-1-134 所示。

D 成品造型：如图 3-1-135 所示。

图 3-1-133

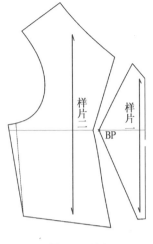
图 3-1-134

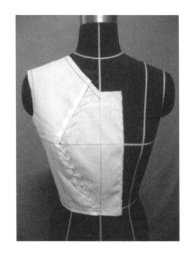
图 3-1-135

**实例二：不对称分割**

此款式在前衣片设计不对称式折线分割，是将省量分配在分割线内，合体式设计。如图 3-1-136 所示。

A 准备工作：

① 在人台上用标记线标出衣片的造型线，如图 3-1-137 所示。

② 准备两块长方形面料，按人台测量出的长度和围度各自加上缝份量和调节量。分别将两块面料经纬纱向矫正，调整好熨斗温度，无需蒸汽熨烫平服。在面料上用笔分别画出两条基础线，纵向为前中心线，横向为胸围线，如图 3-1-138 所示。

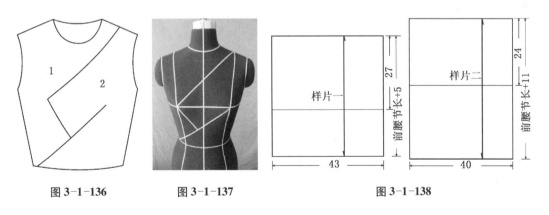

图 3-1-136　　　　图 3-1-137　　　　　　图 3-1-138

B 操作方法：

**样片一的操作方法**

① 固定样片一。将样片一的纵横向基准线对齐人台的前中心线和胸围线，理顺面料并用大头针双针固定，如图 3-1-139 所示。

② 确定领口和肩线。先沿着领围线将面料推顺，不平服处打剪口，用大头针固定后用笔标记出领口线，再将左、右肩部面料推顺，用大头针固定后用笔标记出左、右肩线，

如图 3-1-140 所示。

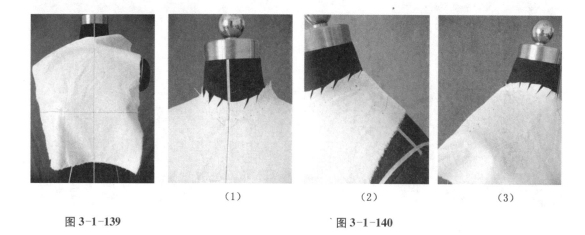

图 3-1-139       图 3-1-140

（1）     （2）     （3）

③ 确定袖窿线和侧缝线。先从右侧肩部向下沿袖窿将面料推顺，用大头针固定后用笔标记出袖窿线，再将侧缝处面料推顺，用大头针固定后用胶带标记出侧缝线，如图 3-1-141 所示。

④ 确定分割线。从侧缝处将面料推顺至预设的分割线处，不平服处打剪口，用大头针固定，检查无误后点影，预留出缝份，修剪面料，如图 3-1-142 所示。

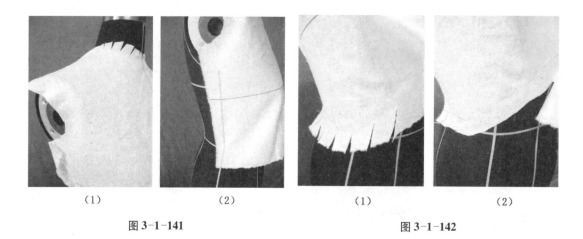

（1）     （2）     （1）     （2）

图 3-1-141       图 3-1-142

**样片二的操作方法**

① 固定样片二。将样片二的横纵向基准线对齐人台的标记线，理顺面料并用大头针双针固定，如图 3-1-143 所示。

② 确定肩线和袖窿线。先沿着左侧肩线和袖窿线将面料推顺，用大头针固定，再用笔标记出肩线和袖窿线，如图 3-1-144 所示。

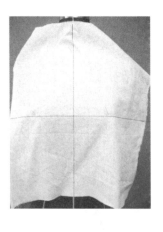

图 3-1-143

（1）　　　　　　　　（2）

图 3-1-144

③ 确定侧缝线和腰线。先将侧缝处面料推顺，用大头针固定后用胶带标记出侧缝线，再沿腰线面料推顺，不平服处打剪口，并留有少许松量，用大头针固定，再用胶带标记出腰线，如图 3-1-145 所示。

④ 确定分割线。将面料推顺至预设的分割线处，用大头针固定后用胶带标记出分割线线，检查无误后预留出缝份，修剪面料，如图 3-1-146 所示。

（1）　　　　　　　　（2）

图 3-1-145

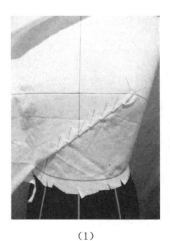

（1）　　　　　　（2）　　　　　　（3）

图 3-1-146

最后，将各样片从人台上取下，用笔和尺子将各标记点连接，袖窿开深 2 cm，胸围加放 1.5 cm，弧线处修顺。核对样片后修正缝份，修剪去多余面料，如图 3-1-147 所示。

C 平面纸样：如图 3-1-148 所示。

D 成品造型：如图 3-1-149 所示。

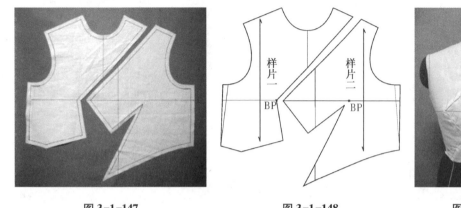 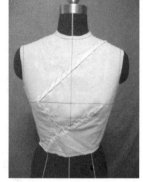

图 3-1-147       图 3-1-148       图 3-1-149

**小贴示**：做折线分割设计时，要避免分割线夹角度数过小，否则会增加缝制工艺难度，影响外观效果。

（3）曲线分割的应用

曲线与直线、折线相比，其特征是圆顺、飘逸、婉转、活力等，具有极强的跳跃感和律动感。在服装造型上应用时要注意功能性与美观性相结合，否则很容易造成服装结构比例失调和线条混乱。

**实例一：刀背分割**

此款式在前衣片设计弧线分割，从袖窿处经胸点到腰部的弧线分割的形式，是将省量分配在分割线内的袖窿省和腰省之中，合体式设计。如图 3-1-150 所示。

① 在人台上用标记线标出衣片的造型线，因为此款式是对称式设计，所以只操作衣身右前半面，如图 3-1-151 所示。

 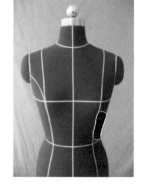

图 3-1-150       图 3-1-151

② 准备两块长方形面料，按人台测量出的长度和围度各自加上缝份量和调节量。分

别将两块面料经纬纱向矫正，调整好熨斗温度，无需蒸汽熨烫平服。在面料上用笔分别画出两条基础线，纵向的前中心线和横向的胸围线，根据人台颈部的测量尺寸用曲线板画出暂时的领口线，修剪掉多余部分，如图 3-1-152 所示。

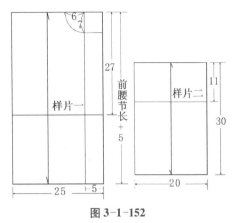

**图 3-1-152**

B 操作方法：

**样片一的操作方法**

① 固定样片一。将样片一的纵向横基准线对齐人台的前中心线和胸围线，理顺面料并用大头针双针固定，如图 3-1-153 所示。

② 确定领口和肩线。沿着领口线和肩部将面料推顺，不平服处打剪口，用大头针固定后用笔标记出领口和肩线，如图 3-1-154 所示。

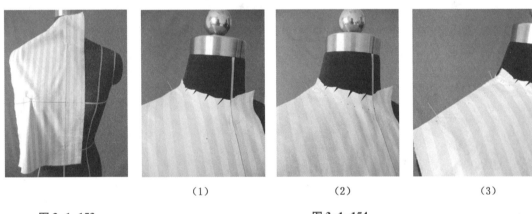

| | | |
|---|---|---|
| | （1） | （2） | （3） |

图 3-1-153　　　　　　　　　　　图 3-1-154

③ 确定分割线和腰线。胸围线摆正，先按预设的分割线造型将面料推顺，袖窿、腰部不平服处打剪口，用大头针固定后用胶带标记出分割线和腰线，预留出缝份，修剪面料，如图 3-1-155 所示。

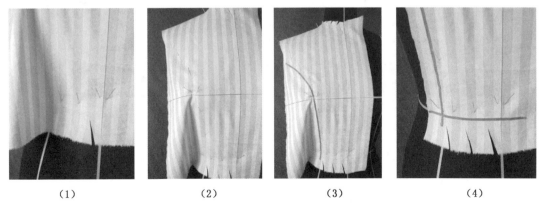

（1）　　　　　　（2）　　　　　　（3）　　　　　　（4）

**图 3-1-155**

**样片二的操作方法**

① 固定样片二。将样片二的纵向横基准线对齐人台的标记线,理顺面料并用大头针双针固定,如图 3-1-156 所示。

② 确定侧缝和分割线。胸围线摆正,在袖窿、侧缝、腰部分别将面料推顺至预设的分割线处,大头针固定,不平服处打剪口,腰部留有少许松量,检查无误后点影做标记,如图 3-1-157 所示。

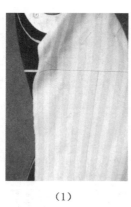

|  (1) |  (2) |  (3) |
|---|---|---|

图 3-1-156                            图 3-1-157

最后,将样片从人台上取下,用笔和尺子将各标记点连接,袖窿开深 2 cm,胸围加放 1.5 cm,弧线处修顺。核对样片后修正缝份,修剪去多余面料,如图 3-1-158 所示。

C 平面纸样:如图 3-1-159 所示。

D 成品造型:如图 3-1-160 所示。

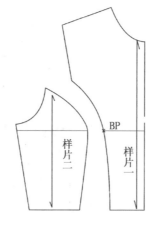

图 3-1-158                    图 3-1-159                    图 3-1-160

**小贴示**:做曲线分割设计时,要避免分割线曲度过大,否则会增加缝制工艺难度,影响外观效果。

**实例二:不对称式曲线分割**

此款式在前衣片设计不对称式曲线分割,是将省量分配在分割线内,合体式设计。

如图 3-1-161。

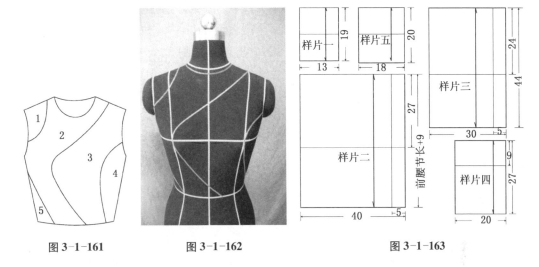

图 3-1-161　　　　　　图 3-1-162　　　　　　　　图 3-1-163

A 准备工作：

① 在人台上用标记线标出衣片的造型线，如图 3-1-162 所示。

② 准备五块长方形面料，按人台测量出的长度和围度各自加上缝份量和调节量。分别将五块面料经纬纱向矫正，调整好熨斗温度，无需蒸汽熨烫平服。在面料上用笔分别画出经纱线和纬纱线，如图 3-1-163 所示。

B 操作方法：

**样片一的操作方法**

将样片一的丝缕摆正固定，按造型线理顺面料后用大头针固定，检查无误后点影，预留出缝份，修剪面料，如图 3-1-164 所示。

**样片二的操作方法**

① 固定样片二。将样片二的横纵向基准线对齐人台的前中心线和胸围线，理顺面料并用大头针固定，如图 3-1-165 所示。

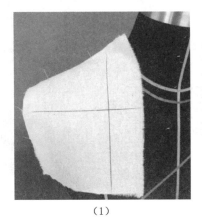
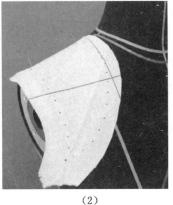

（1）　　　　　　　　　　　（2）

图 3-1-164　　　　　　　　　　　　　　　　图 3-1-165

② 确定领口和肩线。沿着领围线、肩部将面料推顺，不平服处打剪口，用大头针固定后点影。

③ 确定袖窿和分割线。按预设的分割线造型将面料推顺，袖窿、腰部不平服处打剪口，用大头针固定，检查无误后点影，预留出缝份，如图 3-1-166 所示。

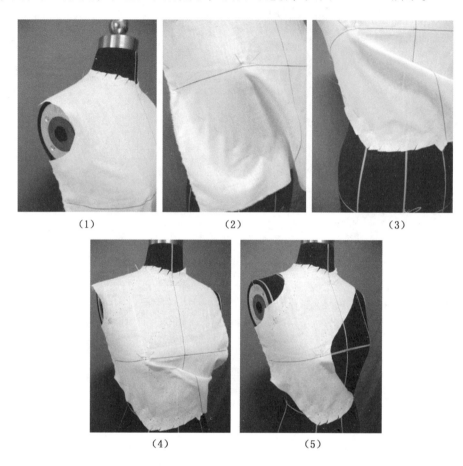

(1)　　　　　　　　(2)　　　　　　　　(3)

(4)　　　　　　　　(5)

图 3-1-166

**样片三的操作方法**

① 固定样片三。将样片三的纵向横基准线对齐人台的前中心线和胸围线，理顺面料并用大头针固定。

② 确定左侧肩线和袖窿。沿着左侧依次将肩部和袖窿处将面料推顺，用大头针固定，如图 3-1-167 所示。

③ 确定分割线和腰线。按预设的分割线造型将面料推顺，腰部不平服处打剪口，用大头针固定，检查无误后点影，预留出缝份，如图 3-1-168 所示。

图 3-1-167

**样片四的操作方法**

　① 固定样片四。将样片四的横纵向基准线对齐人台的标记线，理顺面料并用大头针固定，如图 3-1-169 所示。

　② 确定分割线。胸围线摆正，在袖窿、侧缝、腰部分别将面料推顺至预设的分割线处，不平服处打剪口，腰部留有少许松量，检查无误后点影，预留出缝份，如图 3-1-170所示。

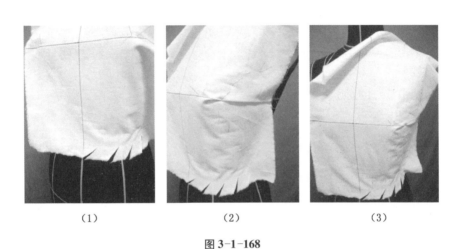

（1）　　　　　　　　　　（2）　　　　　　　　　　（3）

图 3-1-168

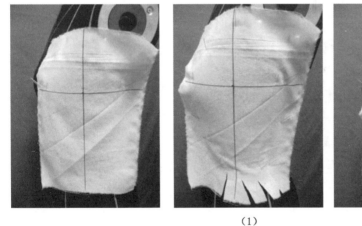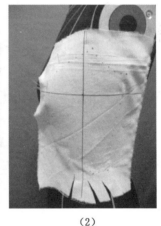

　　　　　　　　　　　　　　　　　　　　　　　　（1）　　　　　　　　（2）

图 3-1-169　　　　　　　　　　　　　图 3-1-170

**样片五的操作方法**

　① 固定样片五。将样片五的横纵向基准线对齐人台的标记线，理顺面料并用大头针固定，如图 3-1-171 所示。

　② 确定分割线：将面料推顺至预设的分割线处，侧缝处推顺，不平服处打剪口，检查无误后点影，预留出缝份，如图 3-1-172 所示。

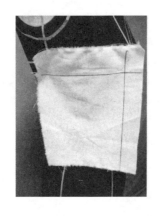
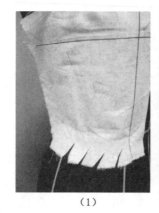

图 3-1-171　　　　　　　　　　　　　　　　　　　　图 3-1-172

（1）　　　　　　（2）

最后，将样片从人台上取下，用笔和尺子将各标记点连接，袖窿开深 2 cm，胸围加放1.5 cm，弧线处修顺。核对样片后修正缝份，修剪去多余面料，如图3-1-173 所示。

C 平面纸样：如图 3-1-174 所示。

D 成品造型：如图 3-1-175 所示。

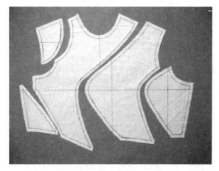
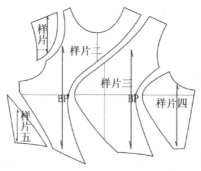
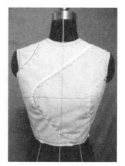

图 3-1-173　　　　　　　　　图 3-1-174　　　　　　　　图 3 1 175

**小贴示**：做曲线分割设计时，要把省量分配到离胸高点近的分割线里，其他部位要注重线条与整体的美观性和协调性。

（4）综合应用

在服装造型设计中，利用线条其自身特有的方向性和运动性，通过不同直线、折线、曲线进行的自由分割组合，使之产生自如洒脱、丰富多变的艺术效果。

**实例一：分割**

此款式是直线、折线、曲线三者结合的综合运用，外观造型富有动感，合体式设计，如图3-1-176 所示。

A 准备工作：

① 在人台上用标记线标出衣片的造型线，因为此款式是对称式设计，所以只操作衣

身前、后右半面，如图 3-1-177 所示。

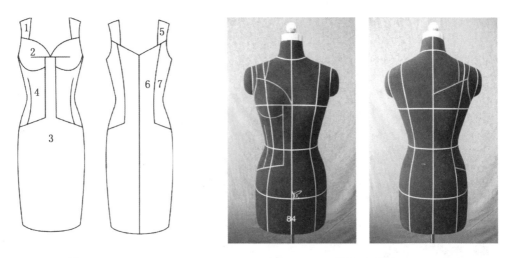

图 3-1-176　　　　　　　　　　　　　　　图 3-1-177

　　② 准备七块长方形面料，按人台测量出的长度和围度各自加上缝份量和调节量。分别将七块面料经纬纱向矫正，调整好熨斗温度，无需蒸汽熨烫平服。在面料上用笔分别画出经纱线和纬纱线，如图 3-1-178 所示。

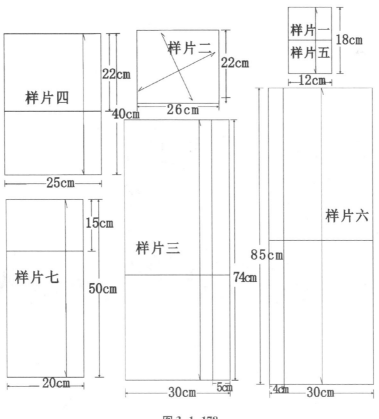

图 3-1-178

B 操作方法：

**样片一的操作方法**

将样片一的丝缕摆正，按造型线理顺面料用大头针固定，检查无误后点影，如图 3-1-179 所示。

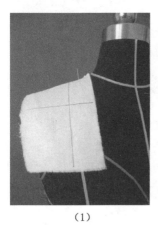  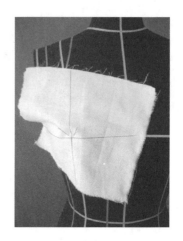

　　　（1）　　　　　　　（2）

　　　图 3-1-179　　　　　　　　　　　图 3-1-180

**样片二的操作方法**

① 固定样片二。将样片二的纵向横基准线对齐人台的前中心线和胸围线，理顺面料并用大头针固定，具体操作见图 3-1-180。

② 确定前中省道。依次在领口、袖窿、胸下方向按造型线将面料推顺，分别用大头针固定，面料余量推至预设的前中省道线处，用大头针固定，检查无误后点影，如图 3-1-181 所示。

 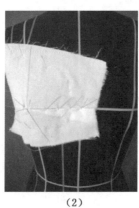 

　　　（1）　　　　　　　（2）　　　　　　　（3）

图 3-1-181

**样片三的操作方法**

① 固定样片三。将样片三的横纵向基准线对齐人台的基准线，理顺面料并用大头针固定，如图 3-1-182 所示。

② 确定分割线、侧缝线和底摆线。从前中心向侧缝、腰部按造型线将面料推顺，臀部留有少许松量，用大头针分段固定，检查无误后依次用胶带标记出分割线、侧缝线和底摆线，如图 3-1-183 所示。

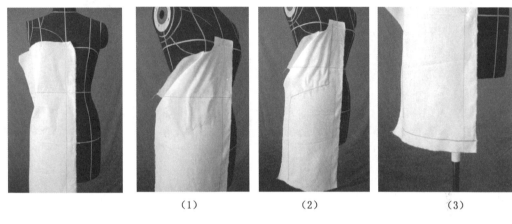

|（1）|（2）|（3）|

图 3-1-182　　　　　　　　　　　　　　图 3-1-183

**样片四的操作方法**

① 固定样片四。将样片四的纵向基准线对齐人台的前中心线，理顺面料并用大头针固定，如图 3-1-184 所示。

② 确定侧缝线。先将面料沿侧缝向下推顺，用大头针固定后用胶带标记出侧缝线，再将面料沿胸下造型线推顺固定，不平服处打剪口，如图 3-1-185 所示。

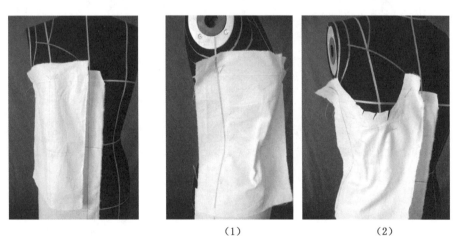

（1）　　　　　　　　（2）

图 3-1-184　　　　　　　　　　　　　　图 3-1-185

③ 确定腰省。先将腰部多余面料推顺至预设的省道线位置并用大头针固定，再理顺固定分割线处面料，检查无误后点影，如图 3-1-186 所示。

**样片五的操作方法**

将样片五的丝缕摆正，按造型线理顺面料用大头针固定，检查无误后点影，如图

3-1-187 所示。

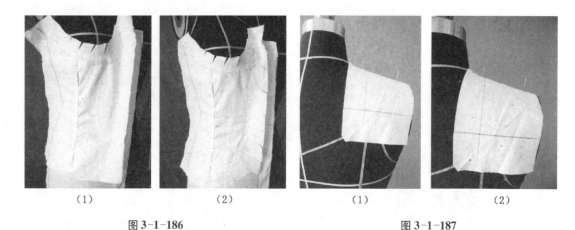

| (1) | (2) | (1) | (2) |

图 3-1-186　　　　　　　　　图 3-1-187

**样片六的操作方法**

　　① 固定样片六。将样片六的横纵向基准线对齐人台的基准线，理顺面料并用大头针固定。

　　② 确定分割线、侧缝线和底摆线。胸围线摆正，先沿后中心向下抚平面料，用大头针固定腰部收进量，再按造型线将面料推顺，臀部留有少许松量，用大头针固定后依次用胶带标记出分割线、侧缝线和底摆线，如图 3-1-188 所示。

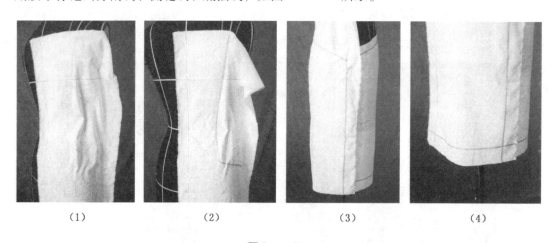

| (1) | (2) | (3) | (4) |

图 3-1-188

**样片七的操作方法**

　　① 固定样片七。将样片七的横纵向基准线对齐人台的基准线，理顺面料并用大头针固定，如图 3-1-189 所示。

　　② 确定分割线、袖窿线和侧缝线。将面料沿分割线、袖窿、侧缝自上而下依次推顺，用大头针分段固定，再用胶带标记出侧缝线、分割线和袖窿处点影，如图 3-1-190 所示。

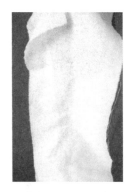

图 3-1-189

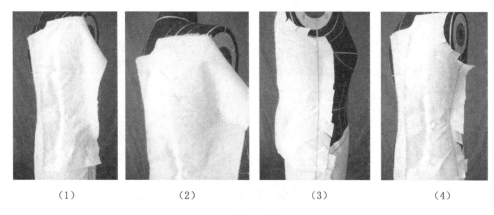

（1）　　　　　（2）　　　　　（3）　　　　　（4）

图 3-1-190

最后，将各样片从人台上取下，用笔和尺子将各标记点连接，弧线处修顺。核对样片后修正缝份，修剪去多余面料，如图 3-1-191 所示。

C 平面纸样：如图 3-1-192 所示。

图 3-1-191

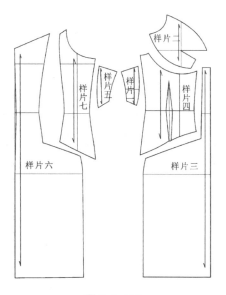

图 3-1-192

D 成品造型：如图 3-1-193 所示。

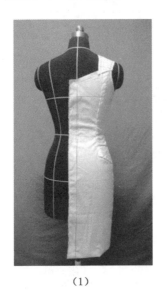

（1）　　　　　　　　　　（2）

图 3-1-193

# 第二节　无腰缝线式礼服的造型实例与分析

无腰缝线式服装通指在服装正常腰围线上没有设置横向分割缝的造型结构形式。这类服装造型除在腰部没有横向分割之外，在服装其他部位均可灵活设计，通常是纵向的直线、折线、曲线分割及综合运用。

## 一、服装造型变化在面料、色彩和款式三个方面的体现

### （一）面料

#### 1. 相同面料的搭配

相同面料的搭配是指采用相同材质的面料进行搭配设计，又称同质面料搭配。分为同质同色面料搭配和同质异色面料搭配两种形式。同质同色面料搭配在服装设计中应用最为广泛，是指使用同一面料，运用分割线或装饰线的分割形式，来达到既节省面料又能丰富单一面料的视觉效果，如图 3-2-1（1）所示。

同质异色面料搭配是指同一面料不同颜色的搭配，有素色与素色、素色与花色、花色与花色面料的搭配变化，突出色彩的视觉效果，如图 3-2-1（2）所示。

#### 2. 不同面料的搭配

不同面料的搭配是指采用不相同材质的面料进行搭配，又称异质面料搭配。分为异质同色面料搭配和异质异色面料搭配两种形式。

（1）　　　　　　　　（2）

**图 3-2-1**

异质同色面料搭配是指不同材质和相同色彩上的组合，突出面料质地和肌理上的变化，如针织面料与梭织面料拼合，针、梭织面料与毛皮拼接等，如图 3-2-2（1）所示。

异质异色面料搭配是指不同材质和不同色彩上的组合，通过设计和创新，实现风格上的突破重组，营造独特的视觉效果，如图 3-2-2（2）所示。

（1）　　　　　　　　（2）

**图 3-2-2**

### （二）色彩

在服装设计中，最常用的色彩搭配方法有同类色搭配、邻近色搭配和对比色搭配三种。

### （三）款式

服装总体廓型用字母表示有 A 型、H 型，T 型、O 型、X 型、Y 型等。服装的细部设计包含领型、袖型、裙长、摆形及其他装饰手法，领子和袖子主要是有领与无领的变化，从礼服的造型有长短之分，裙摆线也有高低、水平、斜向和圆弧之分，连体式拖摆和分离式拖摆。

## 二、无腰缝线式礼服的造型与分析

### （一）公主线礼服造型与分析

19 世纪 60 年代流行的一种服装样式，它的明显特征是从肩部到下摆为完整的连身线条，腰围处没有剪开或拼接，使前后身呈六片分割造型，在胸部和后背各呈现两条明显的风格线，被称作"公主线"，如图 3-2-3 所示。

公主线作为服装中的纵向分割线，它集肩省、胸省、腰省为一体，将女性的肩部、胸部、腰部的不同曲面的曲线表现出来，立体塑造了女性亭亭玉立的人体美。从人体的自然曲线来说，通过胸部分割线的起始点不管是在肩部还是在袖窿、或者是在领口、前胸止口，设计时都要顺应人体胸部凸起、腰部凹陷、臀部凸起的自然体态并兼顾设计美感而形成相对优美的曲线线条，如图 3-2-4 所示。

图 3-2-3

（1）      （2）      （3）

图 3-2-4

**公主线礼服造型实例**

此款式是公主线分割，外观造型富有动感，合体式设计。如图 3-2-5 所示。

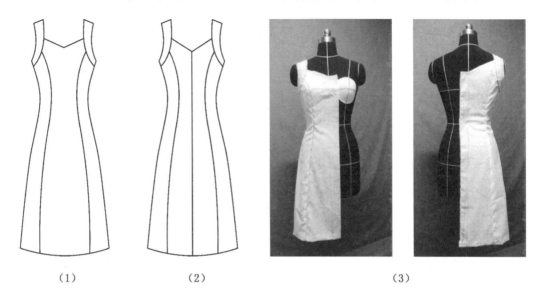

（1）　　　　　　（2）　　　　　　　　（3）

图 3-2-5

A 准备工作：

① 先用胸垫补正人台的胸部，再在人台上用标记线标出衣片的造型线，因为此款式是对称式设计，所以只操作衣身前、后右半面，具体操作如图 3-2-6 所示。

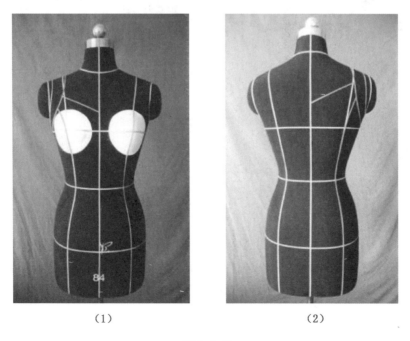

（1）　　　　　　　　　（2）

图 3-2-6

② 准备六块长方形面料，按人台测量出的长度和围度各自加上缝份量和调节量。将六块面料分别经纬纱向矫正，调整好熨斗温度，无需蒸汽熨烫平服。在面料上用笔分别画出经纱线和纬纱线，如图3-2-7所示。

B 操作方法：

**样片一的操作方法**

将样片一的丝缕摆正，按造型线理顺面料用大头针固定，检查无误后点影，如3-2-8所示。

**样片二的操作方法**

① 固定样片二。将样片二的横纵向基准线对齐人台的基准线，理顺面料并用大头针固定，如图3-2-9所示。

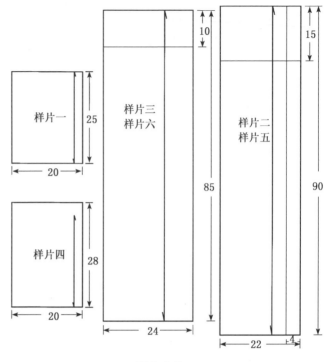

图 3-2-7

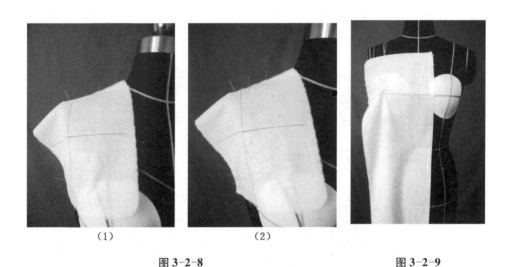

(1)                    (2)

图 3-2-8                    图 3-2-9

② 确定领口和分割线。胸围线摆正，先将面料由胸点向上推顺至领口处固定，检查无误后点影，修剪去多余面料。再按造型线把胸围、腰围、臀围处面料推顺，用大头针固定，不平服处打剪口，用胶带标记出分割线造型，预留缝份后修剪面料，如图 3-2-10 所示。

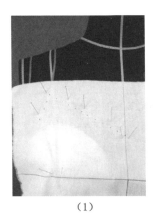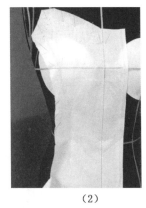

（1）　　　　　　　　（2）　　　　　　　　（3）

图 3-2-10

③ 确定底摆线。用胶带标记出底摆造型，预留缝份后修剪面料，如图 3-2-11 所示。

**样片三的操作方法**

① 固定样片三。将样片三的横纵向基准线对齐人台的基准线，理顺面料并用大头针固定，如图 3-2-12 所示。

② 确定分割线和侧缝线。从胸围、腰围和臀围处按造型线将面料推顺，用大头针分段固定，检查无误后依次用胶带标记出分割线和侧缝线，如图 3-2-13 所示。

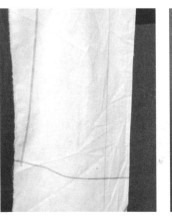

图 3-2-11　　　　　　　　图 3-2-12

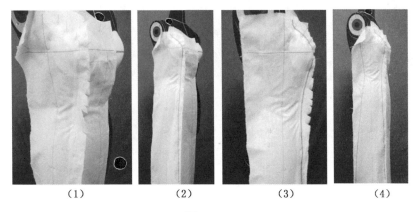

（1）　　　　　（2）　　　　　（3）　　　　　（4）

图 3-2-13

**小贴示**：连身衣片在缝制时需先将衣片腰部做拔开的工艺处理，使腰部造型服贴。

**样片四的操作方法**

　　将样片四的丝缕摆正，按造型线理顺面料用大头针固定，检查无误后点影，如图 3-2-14 所示。

（1）　　　　　　　　　（2）

**图 3-2-14**

**样片五的操作方法**

　　① 固定样片五。将样片五的纵向基准线对齐人台的后中心线，理顺面料并用大头针固定。

　　② 确定后中心线、领口线。胸围线摆正，先沿后中心向下抚平面料，用大头针固定腰部收进量，再用胶带标记出后中心线。领口处面料推顺，大头针固定后点影，如图 3-2-15 所示。

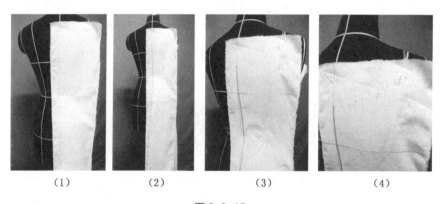

（1）　　　　　（2）　　　　　（3）　　　　　　（4）

**图 3-2-15**

　　③ 确定分割线。按造型线将面料推顺，用大头针固定后用胶带标记出分割线造型，如图 3-2-16 所示。

**样片六的操作方法**

　　① 固定样片六。将样片六的横纵向基准线对齐人台的基准线，理顺面料并用大头针固定，如图 3-2-17 所示。

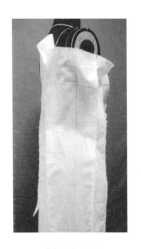

图 3-2-16　　　　　　　　　　　　图 3-2-17

② 确定分割线、袖窿线和侧缝线。将面料沿分割线、袖窿、侧缝自上而下依次推顺，用大头针分段固定，再用胶带标记出分割线、侧缝线和袖窿处点影，如图 3-2-18 所示。

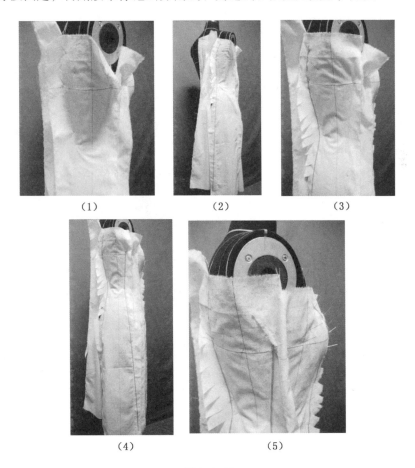

（1）　　　　　　　　　（2）　　　　　　　　　（3）

（4）　　　　　　　　　（5）

图 3-2-18

③ 确定底摆线。先将样片三、五、六侧缝线处用大头针别合后再用胶带标记出底摆线。

最后，将各样片从人台上取下，用笔和尺将各标记点连接，弧线处修顺。核对样片后修正缝份，修剪去多余面料，如图 3-2-19 所示。

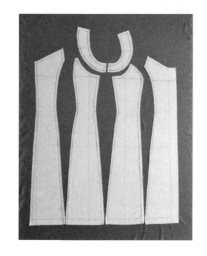

图 3-2-19

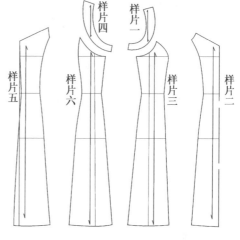

图 3-2-20

C 平面纸样：如图 3-2-20 所示。

D 成品造型：如图 3-2-21 所示。

**（二）拼片式礼服造型与分析**

拼片式造型是指在服装设计中按照艺术的设计规律，通过对面料的分割再拼接形式对面料的质地性能、色彩和款式进行打破重组，塑造出具有强烈个性特色的外观造型。

拼片设计是设计师充分施展想象的舞台，可以应用于服装整体或局部的装饰，主要有缝合式拼片和分离式拼片两种。缝合式拼片的可分规则形和无规则形。规则形拼片是通过直线和折线线分割在面料上形成长方形、菱形或三角形等有规则的平面进行排列组合；无规则拼片是通过曲线分割在面料上形成无规则曲面，则体现了设计创意和运动美感。如图 3-2-22 所示。

（1）　　　　（2）

图 3-2-21

随着数码印染技术的发展，在面料上可以制作出丰富多彩的仿分割式图案，利用面料特有图案，在服装造型上形成无需分割拼接即可以达到的形似的视觉效果。这一优势既避免了繁杂的工艺和节约成本又满足了批量化生产的需要，体现出一种设计理念和时尚趣味。如图 3-2-23 所示。

（1）　　　　　　　　　（2）

图 3-2-22　　　　　　　　　　　　图 3-2-23

**拼片式礼服造型实例**

此款式是直线、折线、曲线三者结合的综合运用，多片面料拼合，外观造型富有动感，合体式设计。如图 3-2-24 所示。

A 准备工作：

① 先用胸垫补正人台的胸部，再在人台上用标记线标出衣片的造型线，因为此款式是对称式设计，所以只操作衣身右前、后半面，如图 3-2-25、图 3-2-26 所示。

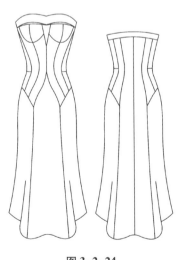
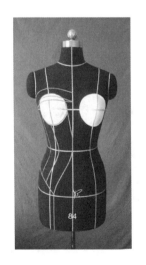

图 3-2-24　　　　　　　　图 3-2-25　　　　　　　　图 3-2-26

② 准备十五块长方形面料，按人台测量出的长度和围度各自加上缝份量和调节量。将十五块面料分别经纬纱向矫正，调整好熨斗温度，无需蒸汽熨烫平服。在面料上用笔分别画出经纱线和纬纱线，如图 3-2-27 所示。

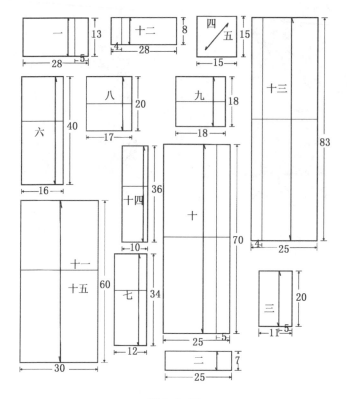

图 3-2-27

B 操作方法：

**样片一的操作方法**

　　将样片一的丝缕摆正，按造型线理顺面料用大头针固定，检查无误后点影，修剪去多余面料，如图 3-2-28 所示。

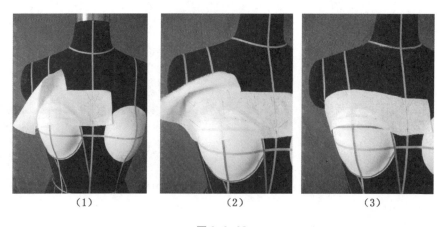

　　（1）　　　　　　　　　　（2）　　　　　　　　　　（3）

图 3-2-28

**样片二的操作方法**

　　将样片二的丝缕摆正，按造型线理顺面料用大头针固定，检查无误后点影，修剪去多余面料，如图 3-2-29 所示。

**样片三的操作方法**

　　将样片三的丝缕摆正，按造型线理顺面料用大头针固定，检查无误后点影，修剪去多余面料，如图 3-2-30 所示。

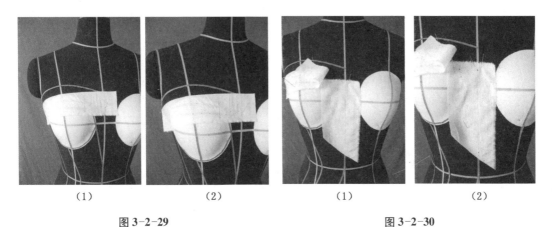

<table>
<tr><td>（1）</td><td>（2）</td><td>（1）</td><td>（2）</td></tr>
<tr><td colspan="2">图 3-2-29</td><td colspan="2">图 3-2-30</td></tr>
</table>

**样片四的操作方法**

　　将样片四按造型线理顺面料用大头针固定，检查无误后点影，修剪去多余面料，如图 3-2-31 所示。

**样片五的操作方法**

　　将样片五按造型线理顺面料用大头针固定，检查无误后点影，修剪去多余面料，与样片四别合，如图 3-2-32 所示。

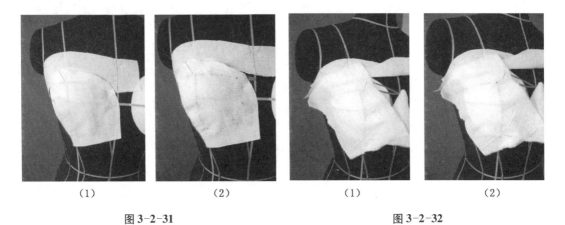

<table>
<tr><td>（1）</td><td>（2）</td><td>（1）</td><td>（2）</td></tr>
<tr><td colspan="2">图 3-2-31</td><td colspan="2">图 3-2-32</td></tr>
</table>

**样片六的操作方法**

　　① 固定样片六。将样片六的纵向基准线对齐人台的前中心线，理顺面料并用大头针固定，如图 3-2-33 所示。

　　② 确定分割线。样片丝缕摆正，按造型线把面料推顺，用大头针固定，不平服处打剪口，点影，修剪面料，如图 3-2-34 所示。

**样片七的操作方法**

① 固定样片七。将样片三的横向基准线对齐人台的腰围线，理顺面料并用大头针固定，如图 3-2-35 所示。

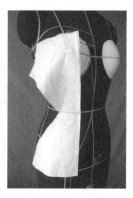

（1）          （2）

图 3-2-33          图 3-2-34          图 3-2-35

② 确定分割线。样片丝缕摆正，按造型线把面料推顺，用大头针固定，不平服处打剪口，点影，修剪面料，如图 3-2-36 所示。

**样片八的操作方法**

将样片八的丝缕摆正，按造型线理顺面料用大头针固定，检查无误后点影，如图 3-2-37 所示。

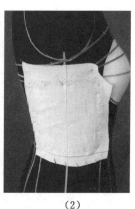

（1）      （2）      （1）      （2）

图 3-2-36          图 3-2-37

**样片九的操作方法**

将样片九的丝缕摆正，按造型线理顺面料用大头针固定，检查无误后点影，如图 3-2-38 所示。

**样片十的操作方法**

① 固定样片十。将样片十的纵向基准线对齐人台的前中心线，理顺面料并用大头针固定，如图 3-2-39 所示。

② 确定分割线和底摆线。按造型线将面料推顺，用大头针固定后用胶带标记出分割线和底摆线造型，如图 3-2-40 所示。

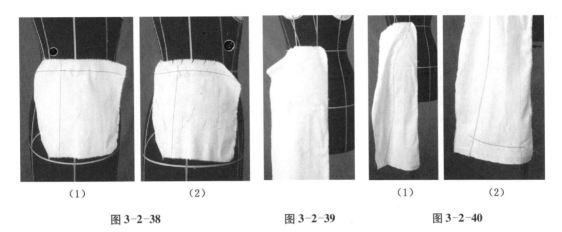

（1）　　　　　（2）　　　　　　　　　　　　　　　　　（1）　　　　　（2）

图 3-2-38　　　　　　　　　图 3-2-39　　　　　　图 3-2-40

**样片十一的操作方法**

① 固定样片十一。将样片十一的横向基准线对齐人台的臀围线，理顺面料并用大头针固定，如图 3-2-41 所示。

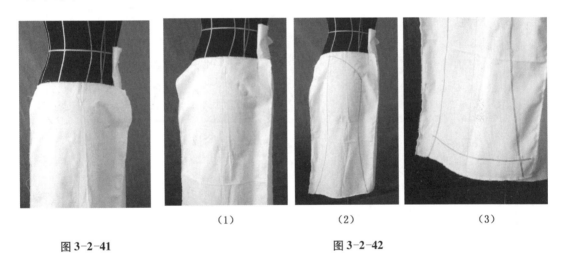

（1）　　　　　（2）　　　　　　（3）

图 3-2-41　　　　　　　　　图 3-2-42

② 确定分割线、侧缝线和底摆线。按造型线将面料推顺，用大头针固定后用胶带标记出分割线、侧缝线和底摆线造型，如图 3-2-42 所示。

**样片十二的操作方法**

将样片十二的丝缕摆正，按造型线理顺面料用大头针固定，检查无误后点影，如图 3-2-43 所示。

**样片十三的操作方法**

① 固定样片十三。将样片十三的横纵向基准线对齐人台的基准线，理顺面料并用大头针固定，如图 3-2-44 所示。

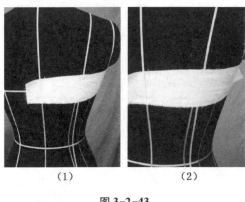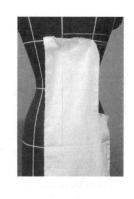

(1)　　　　　　　　(2)

图 3-2-43　　　　　　　　　　　图 3-2-44

② 确定后中心线、分割线和底摆线。将后中心腰部面料抚平，用大头针固定腰部收进量，再沿分割线自上而下依次推顺，用大头针分段固定，再用胶带标记出后中心线、分割线和底摆线，如图 3-2-45 所示。

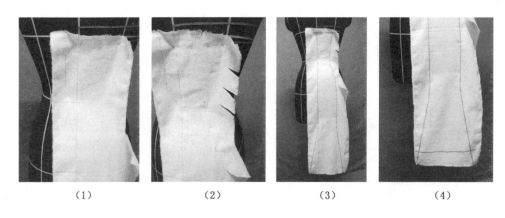

(1)　　　　　　　(2)　　　　　　　(3)　　　　　　　(4)

图 3-2-45

**样片十四的操作方法**

将样片十四的丝缕摆正，按造型线理顺面料用大头针固定，检查无误后点影，如图 3-2-46 所示。

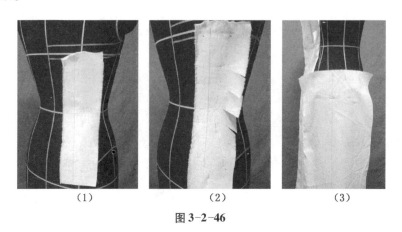

(1)　　　　　　　(2)　　　　　　　(3)

图 3-2-46

**样片十五的操作方法**

①　固定样片十五：将样片十五的横向基准线对齐人台的臀围线，理顺面料并用大头针固定，如图 3-2-47 所示。

②　确定分割线、侧缝线和底摆线：按造型线将面料推顺，用大头针固定后用胶带标记出分割线、侧缝线和底摆线造型，如图 3-2-48 所示。

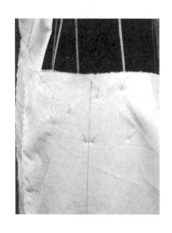

（1）　　　　　　　　（2）

图 3-2-47　　　　　　　　　　　　　　图 3-2-48

最后，将各样片从人台上取下，用笔和尺子将各标记点连接，弧线处修顺。核对样片后修正缝份，修剪去多余面料，如图 3-2-49 所示。

C　平面纸样：如图 3-2-50 所示。

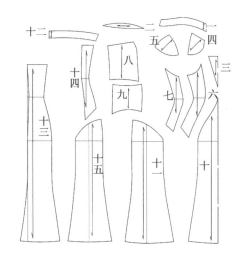

图 3-2-49　　　　　　　　　　　　　　图 3-2-50

D　成品造型：将样片二和样片三换成异色异质面料，丰富外观造型，如图 3-2-51 所示。

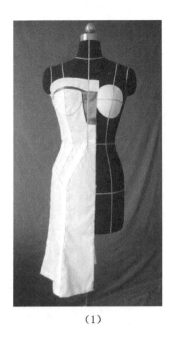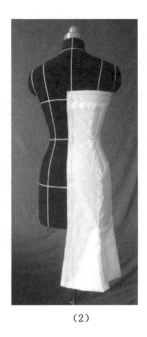

（1）　　　　　　　　　（2）

图 3-2-51

### （三）高腰线礼服造型与分析

高腰线造型又称为"帝政式剪裁"，也被称为"帝国装"，诞生于拿破仑一世统治时期。这类服装多在胸下方的高腰线处收缩处理，并从此处向下自然散开，借由精简的剪裁线条来衬托女性优雅的脖颈、丰满的胸部曲线，并且在视觉上拉长下半身，腰、臀部曲线并不十分强调，只在走动中随着裙摆若隐若现，性感而不失庄重。如图 3-2-52 所示。

（1）　　　　　　　　（2）　　　　　　　　（3）

图 3-2-52

**高腰线礼服造型实例**

此款礼服为抹胸高腰线设计，胸前加入斜向褶裥，连接波形褶裙，外观造型富有动感，合体式设计。如图 3-2-53 所示。

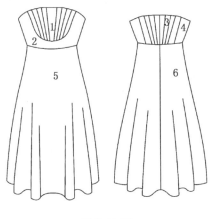

图 3-2-53

A 准备工作：

① 先用胸垫补正人台的胸部，再在人台上用标记线标出衣片的造型线，因为此款式是对称式设计，所以只操作衣身前、后半面，如图 3-2-54 所示。

② 准备六块长方形面料，按人台测量出的长度和围度各自加上缝份量和调节量。将六块面料分别经纬纱向矫正，调整好熨斗温度，无需蒸汽熨烫平服。在面料上用笔分别画出经纱线和纬纱线，如图 3-2-55 所示。

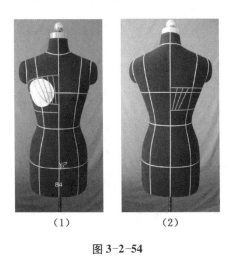

（1）　　　　　（2）

图 3-2-54

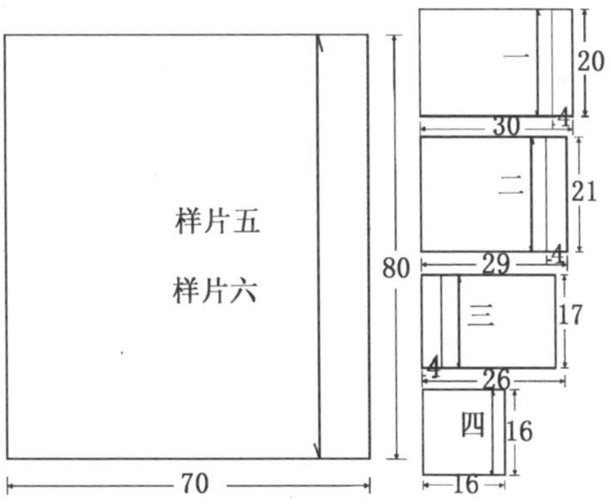

图 3-2-55　备料图

B 操作方法：

**样片一的操作方法**

① 将样片一的纵向横基准线对齐人台的前中心和胸围线，理顺面料并用大头针固定，如图 3-2-56 所示。

② 按造型线上下折出顺向裥，边做边用大头针固定。审视褶裥立体效果后用胶带标记出造型线，如图 3-2-57 所示。

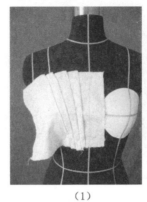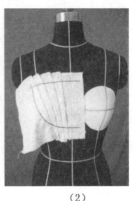

（1）　　　　　　　　　（2）

图 3-2-56　　　　　　　　　　　　　图 3-2-57

**样片二的操作方法**

① 将样片二的纵向基准线对齐人台的前中心线，理顺面料并用大头针固定，如图 3-2-58 所示。

② 从前中心向侧缝从下至上按造型线将面料推顺，用大头针分段固定，检查无误后点影，如图 3-2-59 所示。

**样片三的操作方法**

① 将样片三的横纵向基准线对齐人台的后中心和胸围线，理顺面料并用大头针固定，如图 3-2-60 所示。

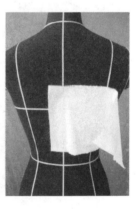

（1）　　　　　　　　　（2）

图 3-2-58　　　　　　　　图 3-2-59　　　　　　　　图 3-2-60

② 按造型线上下折出顺向裥，边做边用大头针固定。审视褶裥立体效果后用胶带标记出造型线，如图 3-2-61 所示。

**样片四的操作方法**

将样片四的丝缕摆正，按造型线理顺面料用大头针固定，检查无误后点影，如图

3-2-62 所示。

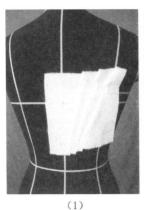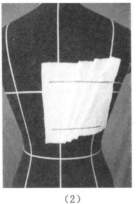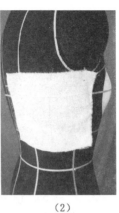

<table>
</table>

| （1） | （2） | （1） | （2） |

图 3-2-61 　　　　　　　　　　　　　　　图 3-2-62

### 样片五和样片六的操作方法

　　样片五和样片六可以先用平面裁剪法，根据所在部位尺寸，粗裁出样片形状，如图 3-2-63 所示。再放到弹力真丝缎面料上裁剪，再分别与样片二和样片三、四大头针固定，修正完善整体造型，用胶带分别标记出腰线和底摆线，如图 3-2-64 所示。

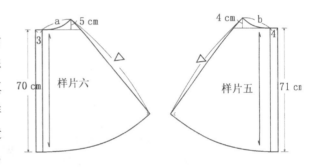

图 3-2-63

| （1） | （2） | （3） |

图 3-2-64

最后，将各样片从人台上取下，用笔和尺子将各标记点连接，弧线处修顺。核对样片后修正缝份，修剪去多余面料，如图 3-2-65 所示。

C 平面纸样：如图 3-2-66 所示。

图 3-2-65

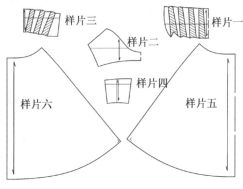

图 3-2-66

D 成品造型：如图 3-2-67 所示。

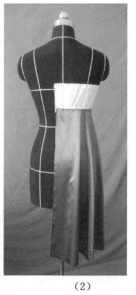

（1）　　　　　　　　（2）

图 3-2-67

**小贴示**：立裁操作时，为了节省操作时间和提高面料利用率，可以采用平面裁剪与立体裁剪相结合的方法，提高工作效率。

用实际面料做立裁时，可用气消笔来做标记，这样既可以避免弄脏面料，又便于修改。

第四章

# 礼服立体塑形艺术手法

## 第一节 立体构成艺术在立体裁剪中的表现

将立体构成的艺术手法直观展现在成衣的整装设计中是服装立体裁剪的优势所在，尤其是礼服设计，从各个角度都可以直观呈现服装的立体成衣效果。本节以立体构成这种造型艺术手法为主要表现形式，介绍该手法在成衣整装立体裁剪中依据不同的服装款式及创意要求所呈现的多种造型方法和技术要领。

总的来说，主要包括以下几种艺术形式：服装立体构成艺术是将布料披覆在人体模型或其他支架上，运用抽缩、折叠、堆积、绣缀、编织、缠绕等技术手法，将整块布料不通过剪切只使用大头针的固定，形成绚烂多姿的艺术造型。

## 一、抽褶法

### （一）抽褶法及其特点

抽褶法亦称抽缩法。所谓抽褶，通常是将面料采用无规则的手法反复堆叠加以固定，或者将部分布料用缝线收紧固定，然后对布料进行抽缩，使其呈现丰富的皱褶肌理，从而产生必要的量感和美观的折光效果的立体构成手法，如图4-1-1所示。

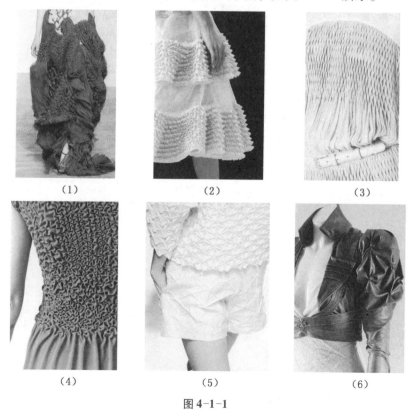

（1） （2） （3）

（4） （5） （6）

图4-1-1

抽缩法所使用的材料广泛，通常以丝绒、天鹅绒、丝光棉及涤纶长丝织物为好，这些织物的折光性好有厚实感，形成的皱褶立体感强。

### （二）抽褶法的工艺技术要领

1. 先依据款式图确定面料，并根据造型的需要和布料厚薄程度确定布料的长度，即所需抽褶的线的轨迹长度。一般情况下为成型长度的2～3倍。薄料多在成型长度的2～2.5倍之间，厚料则在成型长度的2.5～3倍之间，特殊的面料可达到3倍以上。

2. 在布料上确定要抽褶的位置，画出标示线。常见的抽褶部位有肩部抽缩造型，腰两侧抽缩造型及前中线抽缩造型等。

3. 确定抽褶方式进行抽缩或缝缩。若是抽缩，则需要准备在抽褶面料的反面按抽褶的轨迹长度缝合相等长度的窄布条，宽度依造型需要确定，通常在1 cm左右。然后取一条比成型长度略长的抽缩带穿入其中进行抽缩，最后按成型长度固定抽缩带即可。若是缝缩，可以准备一条与成型长度相等的松紧带，放在抽褶布料的反面进行缝缩。或者直接用缝线可以一边缝合一边抽缩，根据效果随时调整布料的缝缩密度和缝线轨迹，达到成型长度时，观察皱褶的造型效果，进行调整并固定。

4. 将抽缩后的布料覆于人体模型上时要注意理顺布痕，一般不要将布料平均固定，这样会使抽缩起来的皱褶平铺划一，无节奏感，所以固定布料是十分重要的，要根据造型的需要恰到好处地理顺布痕。抽褶法是服装面料立体构成中的主要表现形式之一，运用抽褶法加工出来的面料效果有波浪般起伏并带有对光线的折射效果，多用于装饰性和艺术性较强的服装造型加工中。

## 二、堆积法

### （一）堆积法及其特点

堆积的概念可分为两种：一是按照事先画好并有一定规律可寻的局部堆扎；另一种是按照造型设计，并结合面料的剪切性，从多个不同方向进行任意的挤压、堆缀，以形成不规则的、自然的、立体感强烈的皱褶的立体构成技术手法。后者在大形体上给人震撼的视觉效果，而前者主要在肌理设计上发挥所长。由于堆积法能利用织物皱痕的饱满及折光效应，因而堆积法形成的造型极富艺术感染力，如图4-1-2所示。

### （二）布料的选择

以选择剪切特性好、又富有光泽感的美丽绸、丝绒、天鹅绒等织物，由于这类织物皱痕饱满且折光效应强烈。

### （三）堆积法的工艺技术要点

根据造型需要进行堆积造型。一般从三个或三个以上方向挤压、堆积布料，使布料

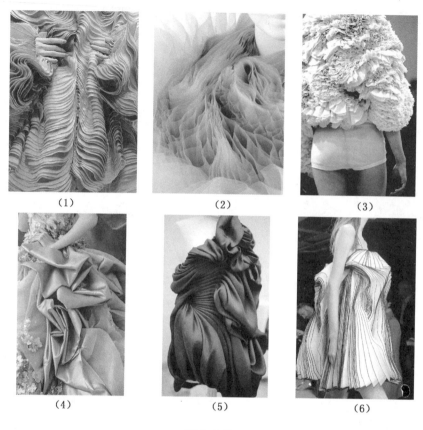

(1)　　　　　(2)　　　　　(3)
(4)　　　　　(5)　　　　　(6)

图4-1-2

皱褶堆积呈现三角形或任意多边形。各个皱褶之间最好不能形成平行堆积关系，若平行则显得呆板单调，各部位的堆积量要大小不同，从而有所变化。主要造型部位有：领、肩部皱褶造型，前胸部皱褶造型，背臀部皱褶造型等。皱褶的隆起高度以 1.5～2 cm 之间为好，过小显得太平坦，远视效果不好，过大则显得臃肿，并且会由于材料重量过重，使皱褶的间距不明显。

## 三、缠绕法

### （一）缠绕法及其特点

缠绕法也称包缠法，顾名思义就是将面料有规则地或随机地包裹缠绕在人体或人体模型上，不经过剪裁或者进行少量必要的剪裁加工，以免破坏面料的整体感，利用布料的折边形成丰富的有层次感和立体感的服装立体构成技法。

缠绕法是人类自古至今最基本的服装样式之一，从原始人用树叶、兽皮缠绕裹身作为身体的遮蔽和保暖物，古罗马人用缠绕式托嘎作为装束以及印度妇女的莎丽装，到现代法国女装设计师格瑞夫人著名的缠绕式时装，缠绕式造型样式真可谓千姿百态源远流长，如图4-1-3所示。

(1) (2) (3)

(4) (5) (6)

图 4-1-3

### （二）布料的选择

以选择弹性好，具有金属光泽或丝绸光泽的美丽绸、涤丝纺等织物，由于这些材料的光泽感，经缠绕后会形成有规则的或自由形态的光环，使立体造型更具艺术感染力。

### （三）缠绕法的工艺技术要点

缠绕法的工艺技术要点：首先根据款式图的需要将用于缠绕的部位确定下来，如腰部、胸部、臀部等，并做好必要的标示。然后将用于缠绕的布料集中在该部位，从而为布料的缠绕作好前期准备工作；第二，按款式造型的需要计算布料。布料的边缘要折净、折光，形成的布纹折边要流畅自然、不能生硬刻板，不要形成平行状态，以放射状、波纹状等自然状态为佳，这样的造型活泼也富有生气和趣味性；第三，观察造型，结合技术要领进行缠绕。常见的造型方式有：肩部斜向缠绕造型；胸、臀、腰部整体缠绕造型等。

## 四、编结法

### （一）编结法及其特点

编结法是将布料剪裁后折成布条状或缠绕成绳状，然后将布条、布绳之类材料以编织的形式编成具有独特美观式样的服装艺术造型，布绳也可以应用多种结绳的方法来加工。若使用编结手法同时，再辅之以其他的方法如折叠、抽缩等能做成具有雕塑感的立体造型，则更具有时尚感，也是前卫设计师惯用的设计手法。

在材料选择上，设计师多会选择美丽绸类布料和多色纱等。另外，根据造型的需要，还可选择色彩多变的、具有强烈折光效应塑料纸等特殊材料，如图4-1-4所示。

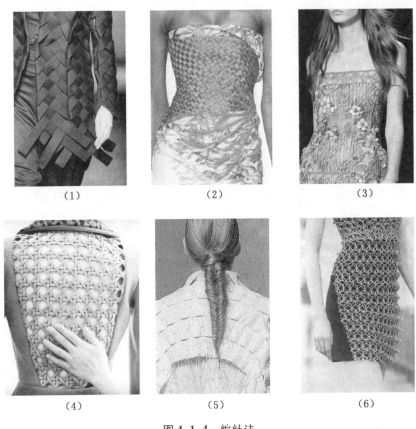

（1） （2） （3）

（4） （5） （6）

图4-1-4　编结法

### （二）编结法的工艺技术要点

根据设计的需要可灵活多样地进行布料准备。以条状编结法的工艺技术要点为例，编织前要先将材料剪成条状，通常采用的裁剪宽度为：布条实际宽度×2＋缝份。扁平状布条是通过缝纫机缝合来完成，将缝份藏在布条的里端。先面面相对进行缝合，最后翻到正面烫平。若是布条宽度小于2倍的成型尺寸，则可将布条两侧折光后直接使用。

## 五、悬垂波浪法

### （一）悬垂波浪法及其特点

悬垂波浪法是通过增大面料外围线长度，使面料余量增多，从而产生许多波浪形的褶纹效果。悬垂波浪法成衣效果，如图 4-1-5 所示。

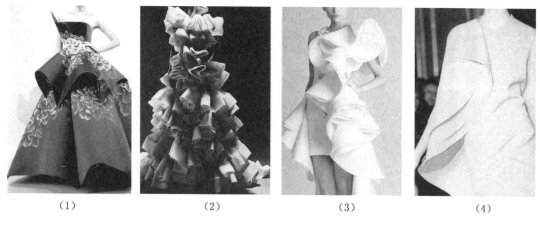

| （1） | （2） | （3） | （4） |

图 4-1-5　悬垂波浪


### （二）悬垂波浪法工艺技术要点

悬垂波浪法可广泛应用于裙子、衣身、袖子、领子、裤子披肩等部位。面料上多选择悬垂性能和剪切性能较好的面料应用，如真丝纱、素绉缎、双绉等。其制取方法与斜裙基本相同。


## 六、填充法

### （一）填充法及其特点

填充法通常分为整体填充法和局部填充法两种，均是为了达到造型目的，在面料里层使用材质较硬、重量较轻的添加材料做为内层填充材料，将面料撑起，形成设计所需要的轮廓造型的加工形式。撑填材料常用弹力絮、尼龙纱等高弹材料，并与有一定硬挺度的面料一起使用。填充法成衣效果，如图 4-1-6 所示。

| （1） | （2） | （3） |

| (4) | (5) | (6) |

图 4-1-6

### （二）填充法工艺技术要点

填充法的工艺技术要点：先依据款式图在造型位置使用适合的撑填材料打褶固定，使之成蓬起状。然后再将面料固定在外侧依据款式需要进行造型设计。

填充法在立体裁剪中多用在泡泡袖造型设计、婚纱设计等服装部位造型中。填充法能塑造出单层面料无法设计出的膨胀造型。

## 七、折叠法

### （一）折叠法及其特点

折叠法是将布料的一部分按有规则或规则的方法进行折叠，用大头针固定，然后可以再用大头针或针线将折叠的部分拉开（根据造型需要，不拉开亦可），从而形成富有立体感、体积蓬松的外观造型，这种立体构成方法若与其他造型设计方法组合起来，往往会形成轻松、奇特、妙趣横生的艺术造型。折叠法成衣效果，如图 4-1-7 所示。

| (1) | (2) | (3) |

| （4） | （5） | （6） |

图 4-1-7

### （二）布料的准备和选择

根据造型需要，从折叠边垂直方向计算，需要准备实际造型长度或宽度的 2～4 倍。布料以选择美丽绸、尼丝纺等密度好、富有硬挺度、并具光泽感的织物为佳。从折叠边方向计算，布料用量是按实际造型的长度加上蓬松感需要的量，作为折叠造型所需的布料宽度（或长度）。

### （三）折叠法工艺技术要点

折叠法的工艺技术要点：根据蓬松感的大小估计折叠布料的折裥宽度，一般蓬松感小的可取 5～7 cm，蓬松感大的可取 7～10 cm，折裥的形式多为顺风裥（折裥的方向都为同一方向）。具体估料方法为：用布量的实际长度（或宽度）＝实际造型的长度（或宽度）＋折叠造型所需的用布量（或蓬松造型的用布量），折叠用布量＝折叠个数×一个折叠宽度。

根据造型需要结合技术要领进行折叠造型。如肩、胸部折叠造型；臀、腰部花球造型等。然后将折裥部分的布料拉开，动作要轻盈，以免将拉开的布料弄皱或压平，影响造型的饱满和厚实感。拉开的造型应与整体造型的风格相统一。注意：适当的选择折叠量是十分重要的。

与抽缩法原理相同，折叠法也是使面料形成折光效果，区别于抽缩法的方法是，折叠法叠出的褶是相似造型的叠加形式；抽缩法抽成的褶为不规则的波浪形式。因此，折叠法制作出的面料褶皱造型形状相似并基本呈均匀分布的形式。折叠法也是立体裁剪中常用的造型方法之一。

## 八、绣缀法

### （一）绣缀法及其特点

绣缀法通常是指利用材料的弹性，通过手工缝缀形成凹凸立体感强的纹样，将这些纹样装饰在服装的领、肩、腰等部位，再通过巧妙的大头针别合方法在人体模型上形成效果别致的造型。绣缀法，如图4-1-8所示。

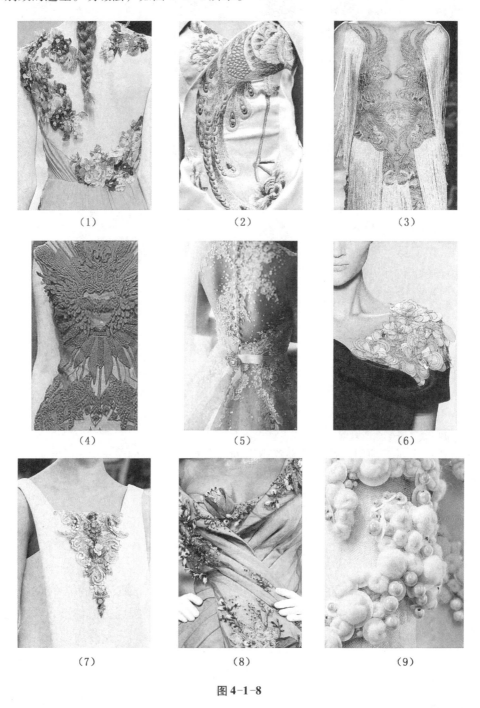

（1） （2） （3）

（4） （5） （6）

（7） （8） （9）

图4-1-8

## （二）布料的准备和选择

根据造型需要，选择具有很好的弹性，又具有较丰富的视觉效果，且有相当的重量感以使布料富有下垂折痕的织物，一般常选用纬编涤纶织物、重磅涤纶、乔其纱类等织物。

### （三）绣缀法工艺技术要点

首先要观察造型，再将要做成服装造型的领、腰、肩等部位用人字针法、八字针法、双人字针法等绣缀针法将布料缝缀起来，形成有规则的、立体感强的折痕。再根据造型的需要，用大头针将布料巧妙加以固定，注意：具有装饰性折痕的布料充分地显示在重要的部位，从整体上使具有装饰性折痕的部位与其他部位能有机地组合、浑然一体。最后，根据造型需要结合技术要领进行绣缀造型。常见部位如领部绣缀造型，胸部绣缀造型，袖、腰部绣缀造型等。

# 第二节 立体裁剪面料的造型设计与应用

改变服装面料本身的肌理或利用服装面料在生产中所制造的肌理进行立体裁剪设计是服装立体造型的另一重要表现形式，本节与上一节的区别在于：首先根据款式要求对面料本身进行立体造型设计或肌理的改变，之后再进行整装的立体裁剪造型，从而把平淡无奇的面料通过手工方式变为赋有装饰意味的独特材料。这是顺利进行整装立体裁剪造型的前提和保证。

通常在立体裁剪中运用的一些面料装饰手法有：

## 一、压褶法

将平整的布料拧压并经过一段时间定型后再展平，或者使用熨斗将面料烫压出褶皱的方法。目的就是使面料表面形成折光的褶纹效果。前者的加工形式制作出来的褶皱效果更自然。如图4-2-1（1）～（3）所示。

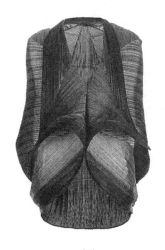

（1）　　　　　　　　　　　（2）　　　　　　　　　　　（3）

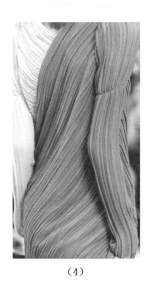  

（4） （5） （6）

图 4-2-1

## 二、贴布法

### （一）贴绣

采用一些工业刺绣的绣片缝制于装饰部位是贴绣法在立体裁剪中的常用手法。此外，也会使用特殊材料如皮革、蕾丝面料等，将其按照事先画好的图样如同剪纸板剪裁成所需纹样之后再缝制于需装饰的部位。贴绣方法加工出的装饰纹样清晰，效果强烈，是一种较易掌握的方法。如图 4-2-2、图 4-2-3 所示。

（1） （2）

图 4-2-2　面料贴片

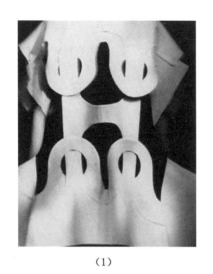

（1）

（2）

图 4-2-3 皮革贴片

**（二）传统贴布工艺**

（1）取 16 块 10 cm×10 cm 的正方形面料，要求面料平整无皱。

（2）如图 4-2-4 所示，把正方形四角折向 O 点，形成 ABCD，将四角对正钉牢；然后再反过来，将正方形 ABCD 再次折向 O 点，如图 4-2-5 所示，形成 $A_1B_1C_1D_1$ 小正方形。

（3）把 16 块小正方形，拼成一个大正方形，固定在预先准备好的底料上，如图 4-2-6 所示。

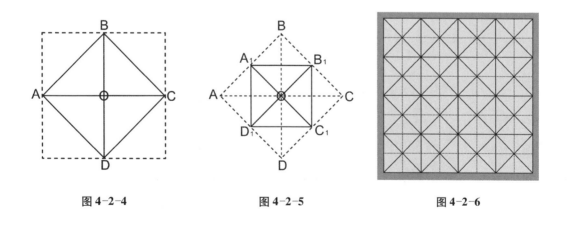

图 4-2-4　　　　　　　图 4-2-5　　　　　　　图 4-2-6

（4）再剪出 24 块比 $A_1B_1C_1D_1$ 面积小 1/2 的小正方形，每块均压在成 45°角的小正方形上面，如图 4-2-7 白色区域所示。

（5）把底料上的小正方形四边外翻，将压在上面的小正方形四边包缝在里面，包缝工艺要求精美，角与角顺滑连接，如图 4-2-8 所示。

（6）最后，将整个版面整理平整即可，效果如图4-2-9所示。

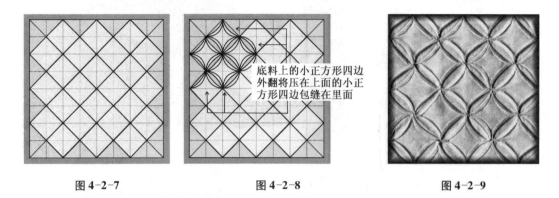

图4-2-7　　　　　　　　　　图4-2-8　　　　　　　　　　图4-2-9

## 三、抽缀法

抽缀法即按照有一定规律或任意的针缝轨迹将面料局部缝线，并将线头抽紧使抽紧部位形成缀饰效果。抽缀法也是制造褶皱效果的肌理加工方法之一。

常见的手法有以下九种。

### （一）网状编结

正网状编结：

（1）取造型用布，正面朝上，设计出约16 cm×16 cm的正方形骨格，将正方形等分为16份，再画出对角线。

（2）如图4-2-10所示，按AB、$A_1B_1$的顺序，钉线缝缩，并打好结。然后再按CD、$C_1D_1$的顺序继续逐行钉缝好。

（3）最后将版面整理平整，褶皱效果处理好，即可形成正网状编结，如图4-2-11所示。

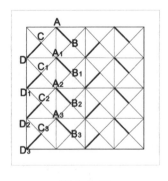

图4-2-10

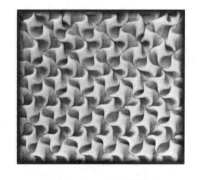

图4-2-11　正网状编结

反网状编结：

（1）取造型用布，反面朝上，设计出约16 cm×16 cm的正方形骨格，以4 cm×

4 cm 为一个小单元格，将正方形等分为 16 份，再画出对角线。

（2）与正网状编结手法相同，按 AB、$A_1B_1$ 的顺序，钉线缝缩。但不同于正网状编结的是，此时钉结点是在面料的反面钉线打结。接下来，再按 CD、$C_1D_1$ 的顺序继续逐行钉缝好。

（3）最后将版面反过来，处理好褶皱，就会形成凸凹有致的反网状褶皱肌理，如图 4-2-12 所示。

图 4-2-12

**（二）人字形编结**

正人字编结：

（1）取造型用布，正面朝上，设计出约 16 cm×16 cm 的正方形骨格，以 4 cm×4 cm 为一个小单元格，将正方形等分成 16 份。

（2）如图 4-2-13 所示，按 $A_1A_2$、$B_1B_2$ 的顺序，钉线缝缩，并打好结。

然后再按 $C_1C_2$、$D_1D_2$ 的顺序继续逐行钉缝好。

（3）最后将版面整理平整，即可呈现清楚的正人字褶皱肌理，如图 4-2-14 所示。

反人字编结：

（1）取造型用布，反面朝上，设计出约 16 cm×16 cm 的正方形骨格，以 4 cm×4 cm 为一个小单元格，将正方形等分成 16 份。

（2）与正人字编结手法相同，按 $A_1A_2$、$B_1B_2$ 的顺序，钉线缝缩，并打好结。然后再按 $C_1C_2$、$D_1D_2$ 的顺序继续逐行钉缝好。

（3）最后将版面反过来，将褶皱效果整理好，就会呈现清楚的反人字褶皱肌理，如图 4-2-15 所示。

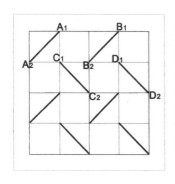

图 4-2-13

图 4-2-14

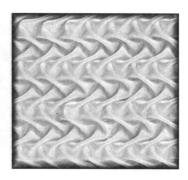

图 4-2-15

**（三）对角编结**

（1）取造型用布，正面朝上，设计出约 16 cm×16 cm 的正方形骨格，以 4 cm×4 cm 为一个小单元格，将正方形等分成 16 份。

（2）如图 4-2-16 所示，按 $A_1A_2$、$B_1B_2$ 的顺序，钉线缝缩，并打好结。然后再依次以 $C_1C_2$、$D_1D_2$ 的顺序逐行钉缝。

（3）最后将版面整理平整，即可呈现清楚的对角褶皱肌理，如图 4-2-17 所示。

（4）若是反朝上，设计正方形骨格，即钉结点设在面料的背面，钉缝结束后再将版面反过来，处理褶皱效，则会呈现凸凹有致的瓦纹褶皱肌理，如图 4-2-18 所示。

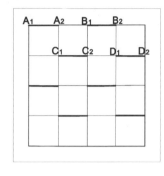
图 4-2-16

图 4-2-17

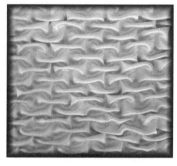
图 4-2-18

### （四）银锭纹编结

（1）取单色造型用布，正面朝上，设计出约 16 cm × 16 cm 的正方形骨格，以 4 cm × 4 cm 为一个小单元格，将正方形等分成 16 份。

（2）如图 4-2-19 所示，按 $AA_1A_2$、$BB_1B_2$ 的顺序，钉线缝缩，并打好结。然后再依次以 $CC_1C_2$、$DD_1D_2$ 的顺序逐行钉缝。

（3）最后将版面整理平整，即可呈现清楚的银锭纹褶皱肌理，如图 4-2-20 所示。

（4）若是反面朝上，设计正方形骨格，即钉结点设在面料的背面，钉缝结束后再将版面反过来，处理褶皱效，则会呈现另一种银锭纹褶皱肌理，如图 4-2-21 所示。

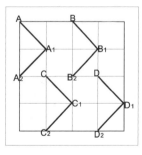
图 4-2-19

图 4-2-20

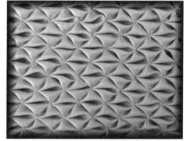
图 4-2-21

### （五）槐花纹编结

（1）取麻纱料或亚光布料作为造型用布的正面，连结点设在面料背面，设计出约 16 cm × 16 cm 的正方形骨格，以 4 cm × 4 cm 为一个小单元格，将正方形等分成 16 份。

（2）如图 4-2-22 所示，按 $A_1A_2$、$B_1B_2$ 的顺序，对角钉线缝缩，并打好结。然后再按

$C_1C_2$、$D_1D_2$的顺序作交叉状钉缝抽缩。如此按规律逐行连接。

（3）最后将版面整理平整，即可呈现清楚的槐花纹褶皱肌理，效果如图4-2-23所示。若是将反面朝上，则会呈现方块状的褶皱肌理，如图4-2-24所示。

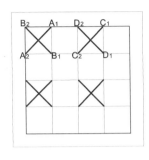 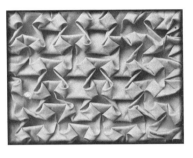 

图4-2-22　　　　　　　　　图4-2-23　　　　　　　　　图4-2-24

**（六）菱花纹编结**

（1）选用略带光泽的绸缎面料作为造型用布，正面朝上，设计出约16 cm×16 cm的正方形骨格，以4 cm×4 cm为一个小单元格，将正方形等分成16份。

（2）如图4-2-25所示。所示，采用错位式的三点相连的针法。即按 $AA_1A_2$、$BB_1B_2$的顺序，将图中折线的三个点钉线缝缩，并打好结。然后再错开位置，以 $CC_1C_2$、$DD_1D_2$的顺序逐行钉线缝缩。

（3）按图中的连线方式继续反复，最后将版面整理平整，即可呈现清楚的菱花状褶皱肌理，如图4-2-26所示。若是将反面朝上，则会呈现另样的褶皱肌理，如图4-2-27所示。

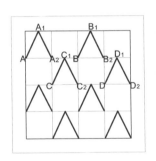 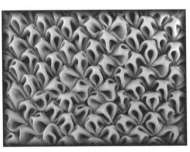 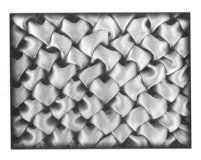

图4-2-25　　　　　　　　　图4-2-26　　　　　　　　　图4-2-27

**（七）菱角纹编结**

（1）选用有光泽的绸缎面料作为造型用布，反面朝上，设计出约20 cm×16 cm的正方形骨格，以4 cm×4 cm为一个小单元格，将正方形等分成20份。

（2）如图4-2-28所示，采用对角式的三点相连的针法。即按图中 $AA_1A_2$、$BB_1B_2$、$CC_1C_2$、$DD_1D_2$的顺序，将图中折线的两端与折角的顶点钉线缝缩，并打好结。然后再按同样连线方式，逐行钉线缝缩。

（3）最后将版面整理平整，即可呈现错落有致的菱角状褶皱肌理，如图4-2-29所示。若是将反面朝上，则会呈现凸起的褶皱肌理，如图4-2-30所示。

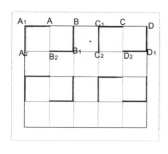

图4-2-28

图4-2-29

图4-2-30

### （八）四叶草纹编结

（1）取纱料或亮缎料作为造型用布，连结点设在面料的正面，设计出约16 cm×16 cm的正方形骨格，以4 cm×4 cm为一个小单元格，将正方形等分成16份。

（2）如图4-2-31所示，按$A_1B_1C_1D_1$的顺序，四角钉线缝缩，并打好结。然后再按$A_2B_2C_2D_2$的顺序作四角状钉缝抽缩。如此按规律逐行连接。

（3）最后将版面整理平整，即可呈现清楚的四叶草状的褶皱肌理，效果如图4-2-32所示。若是将反面朝上，则会呈现凸起的方泡褶皱肌理，如图4-2-33所示。

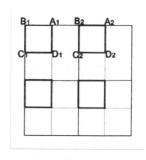

图4-2-31

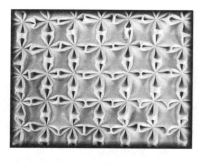

图4-2-32

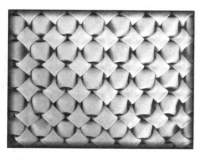

图4-2-33

### （九）扶桑纹编结

（1）选用略带光泽的丝绸面料作为造型用布，反面朝上，设计出约12 cm×17 cm的正方形骨格，以1 cm×1 cm为一个小单元格，将正方形等分成204份。

（2）如图4-2-34所示，采用反正针多点连缝的针法。逐行进行，连缝四行，注意，针数和排列位置要与上行相同，待一组排列点连缝完成，再用线将细褶抽紧打结，形成整齐的细褶。下一组连线与上一组连线要错开距离。使布面形成有松有紧的图案，每组连线都应当在完成后再抽紧打结。然后再按同样连线方式，逐行钉线缝缩。

（3）最后将版面整理平整，即可呈现漂亮的扶桑纹褶皱肌理，如图4-2-35所示。

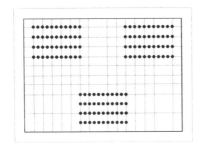 

图 4-2-34　　　　　　　　　　　　　　　　图 4-2-35

## 四、立体造花法

　　立体造花法就是通过手工折叠、捆扎、旋转、缝缀等多种表现手法将面料饰缀成一种具象造型，装饰于服装的某个造型部位，从而形成优雅别致、立体感强的造型效果。这种造型方式多以自然界中的生态原型为依据，在设计中可以起到突出主题的作用。

　　在具体应用中立体造花主要有两种处理方法。一种是依据款式造型，直接在服装上做立体造花，其方法在高级时装上较为常见。另一种是先将面料进行立体造花的技术改造，再装缀于服装的某个造型部位。这种手法通常是采用绣缀工艺技术，即依据服装款式造型需要，在所需的部位做好造型标记和必要的针法图，再使用缀珠、亮片及手工制作的花卉等半成品，进行粘贴、缝缀等技术处理。如图 4-2-36 所示。

（1）　　　　　　　　　　　　　（2）

（3）　　　　　　（4）　　　　　　（5）

图 4-2-36

## 五、印染法

传统的印染方法包括扎染、蜡染、夹染等，现代印染技术发展出手绘、丝网印、数码印等。扎染、蜡染、夹染均属于防染工艺，分别采用线绳捆扎、蜡液渗透及镂空花板夹压等手段覆盖部分面料，使其在浸入染料后局部防止或减少染料的浸透，最终防染部分的面料会在面料上形成自然古朴的花纹图案。现代手绘工艺可以自由随意的表现出各种色彩及图案，要求染料具有较好的防水性能，如丙烯、纺织颜料等。现代丝网印、数码印则需要专业的工具及设备，丝网印最大成本消耗在于制版，需要一图一制，所以比较适合批量印染；数码印则如同打印机的原理，一切可以通过电脑输出的照片、图案及文字均可使用专业的打印机印染在纺织面料上，优点上自由灵活，缺点上纺织染料成品略高。

经过后加工的传统扎染作品如图4-2-37。图4-2-38为运用现代印染技术数码印花创作的作品。

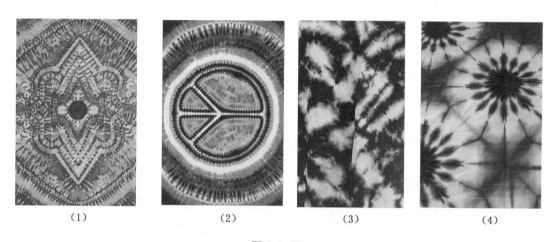

|       |       |       |       |
| :---: | :---: | :---: | :---: |
| （1） | （2） | （3） | （4） |

图 4-2-37

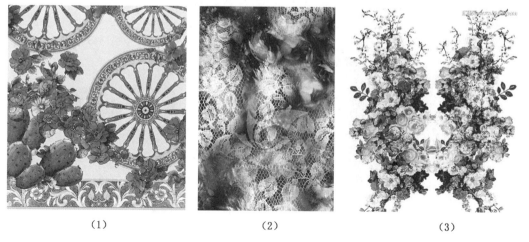

|       |       |       |
| :---: | :---: | :---: |
| （1） | （2） | （3） |

图 4-2-38

## 六、镶缀法

镶缀法是通过缝制、粘贴手段将珠、钻、绳、带等饰品镶嵌或缝缀在面料上的方法，是面料再造中使用较为广泛的装饰手段。镶缀过程中要注意点、线、面的构成关系、形式美法则的运用及色彩搭配的谐调性等。

运用镶缀法创作的作品，如图4-2-39所示。

（1）　　　　　　　　　　（2）　　　　　　　　　　（3）

图4-2-39

## 七、热烫法

热烫法是指在装饰物与面料之间夹放一层服装专业双面黏合衬，利用其加热熔解的特性使用电熨斗将装饰物与面料胶合在一起的方法。现在市面已有自带热熔胶的珠、饰、亮片、花饰等产品出售，便于设计者自由设计组合，也有设计好的成品图案可直接熨烫在面料及服饰上。

运用热烫法创作的作品，如图4-2-40所示。

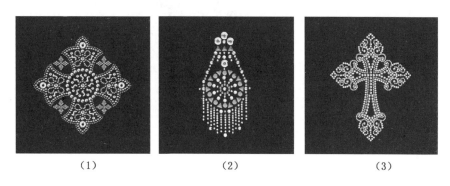

（1）　　　　　　　　　（2）　　　　　　　　　（3）

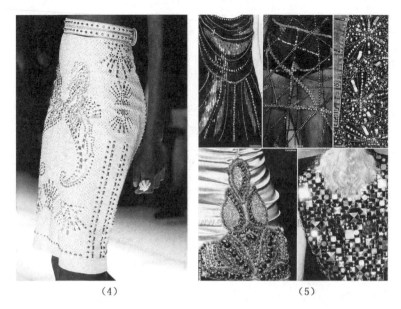

（4）　　　　　　　　　　（5）

图 4-2-40

## 八、拼接法

拼接法是将不同颜色、不同材质的面料打散后重新拼接构成全新风格面料的方法。拼接法可在接缝处变换针法，也可在新的布块格局上制作各种装饰。

运用拼接法创作的作品，如图 4-2-41 所示。

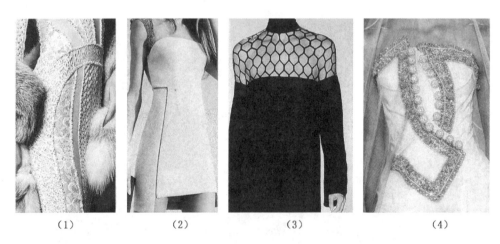

（1）　　　　　　（2）　　　　　　（3）　　　　　　（4）

图 4-2-41

## 九、编织法

编织法是使用线型材料运用各种手编技法制作平面机理或立体花型以提高面料装饰性的方法。编织法设计完成的面料适合表现自然、质朴的服饰风格。

运用编织法创作的作品，如图 4-2-42 所示。

（1）　　　　　　　　　　（2）　　　　　　　　　　（3）

图 4-2-42

## 十、透叠法

透叠法是使用透明或镂空材质覆盖透视下层面料而产生特殊机理效果的方法。服装用透明材质包括网、纱、蕾丝等，镂空图案可在皮革、涂层类材质背面设计雕刻完成。

运用透叠法创作的作品，如图 4-2-43 所示。

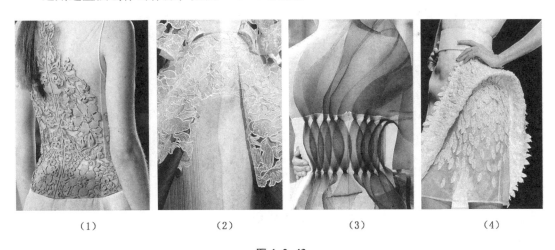

（1）　　　　　　　（2）　　　　　　　（3）　　　　　　　（4）

图 4-2-43

## 十一、抽纱法

抽纱法是利用梭织面料经、纬纱交织的特点，局部抽去经纱或纬纱而构成全新面料肌理形态的方法。抽纱部位可选在面料边缘或中间，抽纱长度可以贯穿整幅面料也可设计在局部。

运用抽纱法创作的作品，如图 4-2-44 所示。

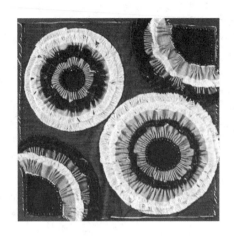

图 4-2-44

## 十二、破坏法

破坏法是在完整面料上采用刀划、开剪、打孔、腐蚀、磨白等工艺手段改造面料机理形态及风格面貌的方法。运用破坏法设计的面料适合表现前卫、另类或颓废风格的服饰。

运用破坏法中刀划、打孔、腐蚀等方式创作的作品，如图 4-2-45 所示。

(1)　　　　　　　(2)　　　　　　　(3)　　　　　　　(4)

图 4-2-45

第五章

# 昼礼服立体裁剪

昼礼服是指日间参加重要活动时所穿着的礼服，相对于出席晚间活动时穿着的晚礼服而言稍显收敛，因此可以称其为"小礼服"，但与日常穿着的休闲装、职业装相比则隆重许多。依场合和角色的不同应选择合适风格的昼礼服，如正规严肃的场合适宜选择沉稳的色调及严谨的款式，以展现庄重的风格；朋友聚会则适宜选择明快的色调及舒适的款式，以展现轻松愉悦的风格；鸡尾酒会、公司庆典、颁奖典礼等场合适宜选择统一隆重的色调及夸张大气的款式，以展现高雅端庄或性感迷人的风格。

昼礼服的构成要素包括款式、色彩、面料、装饰、工艺等等。其风格的呈现是以上诸多要素复合在一起所形成的效果，可依个人需要及目的加以动态调节。

# 第一节　贴身型礼服立体裁剪

## 一、款式分析

贴身型礼服外轮廓大多呈 X 型，如图 5-1-1 所示。胸围、腰围、臀围处适身合体，下摆呈发散状以适应人体行走步幅。

此款贴身礼服设计重点在于胸部横向褶裥及其与所系颈带的结合，制作难点在于胸部收褶的处理以及裙身六片的分割。为满足穿脱功能性，侧缝装隐形拉链，如图 5-1-2 所示。

图 5-1-1

图 5-1-2

## 二、材料准备

如图 5-1-3 所示。

（1）胸垫：一副；

（2）标示线：两种颜色；

（3）定位笔：马克笔、气消笔等均可，可备两色，一色常规，另一色修正；

（4）白坯布：整理熨平待用；

（5）人台：做好人体标示线；

（6）其他工具：软尺、直尺、服装专用尺、熨台、熨斗、大头针、剪刀、针线等。

## 三、制作步骤

### （一）固定胸垫

取两片胸垫，中心点与人台胸高点重合，并以胸围线为参照左右对称分布，使用普通大头针（较专业大头针稍短且针头略大些）沿边缘均匀固定四点，下针时可垂直扎到底，平整的人台便于铺布。

### （二）重制人台标示线

将被胸垫遮挡住的人台标示线——胸围线、公主线分割，使用与人台标示线同色的标示胶条重新制作在胸垫上，注意要与原始标示线保持重合，如图5-1-4、图5-1-5所示。

 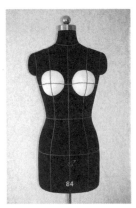 

图5-1-3　　　　　　　　图5-1-4　　　　　　　图5-1-5

### （三）确定礼服款式标示线

依据款式图，将款式标示线使用区别于人台标示线的另一色标示胶条确定在人台上，可依视觉审美进行局部微调设计。

1. 前身款式标示线，如图5-1-6所示。

（1）胸前套环：以前中心线与胸围线交点为中心，确定一个长5.5 cm、宽3 cm的椭圆形，作为颈带胸前套环的款式参照标示线。

（2）前颈带：经左右颈肩点（颈根线与肩斜线的交点）及椭圆形顶点，三点确定一个"V"形，作为颈带在前身的

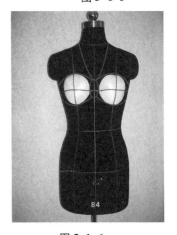

图5-1-6

款式参照标示线。

（3）右胸片形状：右上胸片线从椭圆形顶点向右 1 cm 处开始，围绕胸垫上端形状标出一条优美流畅的上弧线，至胸围线与右侧缝线交点以上 2 cm 处截止；右下胸片线从椭圆形下端点向右 1 cm 处开始，围绕胸垫下端形状标出一条优美流畅的下弧线，至胸围线与右侧缝线交点以下 3 cm 处截止。这两条弧线与右侧缝线及椭圆形所组成的封闭区间即为右胸片的款式参照标示线。

（4）左胸片形状：左侧胸形线以右侧胸片标示线为参照对称制作。

（5）前裙片纵向分割线：人台前身两条纵向公主线不变，即为前裙片的纵向分割线。

**2. 后身款式标示线，如图 5-1-7 所示。**

（1）后颈带：人台上的后颈围线不变，作为颈带后身的款式参照标示线。

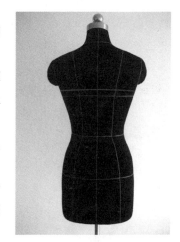

（2）后裙片上止口：后胸围线平行上移 2 cm，起止点在左右侧缝线上与前胸片上弧线相搭接，该线即为后裙片上止口线的款式参照标示线。

（3）后裙片纵向分割线：人台后身两条纵向公主线不变，即为后裙片的纵向分割线。

将上述款式标示线调整满意后，使用普通大头针（较专业大头针稍短，头稍大）在关键位置整针居中垂直插底固定，以确保其在制作过程中的稳定性和牢固性。

**小贴士：**

图 5-1-7

（1）对款式标示线进行下针固定时经人台标示线处属关键部位一定要固定，但为了使人台标示线更加经久耐用，具体实施时可避开人台标示线 0.1 cm 下针。固定时要居标示条宽度的中间位置平稳下针，小心不可割断标示条。

（2）作款式标示线时，如用标示胶条一次成形有困难，可以先分段测量定位若干关键点后，再用标示胶条连点成形。

**（四）制作颈带**

**1. 取料**

在白坯布上沿经纱、纬纱撕取一块经长 440 cm、纬宽 20 cm 的长方形布料，将其校正纱向、熨烫平整。然后将直纱方向对折，连折边从一端点向内量取 5 cm 点，与另一边 20 cm 端点连直线，剪去多余部分，用剩下来的梯形对折坯布制作颈带，如图 5-1-8 所示。

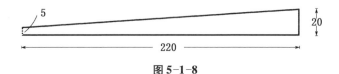

图 5-1-8

**2. 制作**

提起坯布连折端，预留 7 cm 左右套环量系成一个规整的死结，整理好后将套环复位在人台设计好的颈带套环位置并使用服装专业大头针在关键点上施针固定，如图5-1-9所示。接下来，将两根颈带沿"V"形款式标示线分别向上左右围绕至后颈点（颈围线与后中心线的交点）系一规整的蝴蝶结，并整理出漂亮的造型，如图5-1-10所示。

图5-1-9

图5-1-10

**小贴示：**

（1）固定坯布所使用的大头针是长、细且尖的服装专业大头针，施针方法是在关键点上以倾斜45°角半下针固定。若一根针不足以固定牢固，可以在同一点上改变角度再施一针，形成"双针固定"式。

**（五）制作右胸片**

**1. 取料**

在白坯布上沿经、纬纱撕取一块长方形布料，经纱方向长度为用软尺测得的该区域内公主线长度上下各加5 cm余量，纬纱方向宽度为用软尺测得的该区域内胸围线的宽度左右各加5 cm余量。将取下的长方形坯布校正经、纬纱向，熨烫平整。使用定位笔和直尺在距左布边5 cm处确定一条垂线作为前中心线的对应线，经该垂线1/2点确定一条水平线作为胸围线的对应线，如图5-1-11所示。

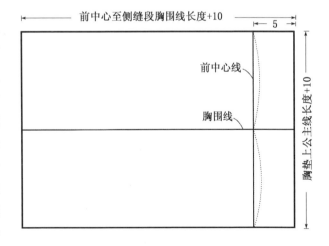

图5-1-11

**2. 铺坯布**

即对应同名线条，将坯布复位在人台上。

将坯布上的前中心线、胸围线与人台上的同名线条透叠复合，使用大头针在关键点上固定，进而将公主线上的坯布上下展平并施针固定。铺好的坯布自然平整，如图5-1-12所示。

**3. 制作**

交叉的纵向公主线与横向胸围线将该裁片分配成左上、左下、右上、右下四个区域，分别在四个区域的外边缘线上叠压褶裥。

首先，将"1区"侧缝线上的余量从胸围线开始以1 cm的褶裥量并置叠压，以三角形的褶裥塑造出胸凸造型。当胸片线以外的坯布限制造型操作时，可以在坯布外边缘轻打剪口，注意剪口不可打入款式标示线以内。做好的褶裥排列整齐规律，造型自然饱满，完全贴服在人台上。接下来，相继制作完成2、3、4区的褶裥。然后，使用标示笔将人台上的款式标示以点划线的形式透画在坯布上，并在边缘线上定位褶裥位，再使用剪刀修剪各边缝份剩2 cm，注意前中心5 cm余量不做改变，如图5-1-13～图5-1-15所示。最后，取下裁片展平，使用直尺及服装专业弯尺明确其廓型。

 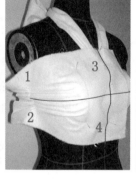 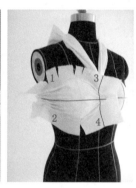 

图5-1-12　　　　　　图5-1-13　　　　　　图5-1-14　　　　　　图5-1-15

**（六）制作左胸片**

左侧胸片裁片可如上述方法对称制作，也可将校正好纱向并定位好胸围线、前中心线的坯布扣叠在右胸片上，对应同名线条后透画轮廓线，进而修剪缝份即可，如图5-1-16所示。

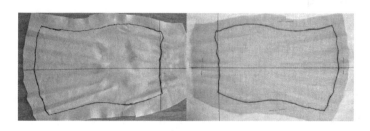

图5-1-16

将左、右裁片分别复位回人台：首先，是前中心线、胸围线；其次，复原每条褶裥；最后，将前中心缝份分别翻扣入预先设置好的颈带套环里。过程中不断使用大头针加以固定，如图 5-1-17～图 5-1-20 所示。

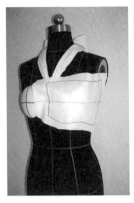   

图 5-1-17　　　　　　图 5-1-18　　　　　　图 5-1-19　　　　　　图 5-1-20

**小贴士：**铺坯布时，坯布上胸围线所处的纬纱始终与人台胸围线保持水平重合，以确保纱向性能的准确。

### （七）制作前中心裙片

前中心裙片范围在胸片以下，左右公主线以内，下直至裙长线的区间。

#### 1. 取料

在白坯布上沿经、纬纱撕取一块长方形布料，经纱方向长度为用软尺测得的上述区间内前中心线的长度，上下各加 5 cm 余量；纬纱方向宽度为用软尺测得的该区间范围内臀围线的宽度，左右各加 6 cm 余量。将取下的长方形坯布校正经、纬纱向，熨烫平整，然后使用定位笔和直尺将前中心线和臀围线参照线分别定位在坯布上。

前中心线位于布宽 1/2 点所处的垂直经纱上，臀围线位于前中心线从上端向下量取臀围深（用软尺测得的该区域内臀围线与胸围线之间的距离）加 5 cm 余量的点所处的水平纬纱上，如图5-1-21 所示。

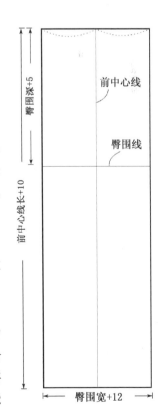

图 5-1-21

#### 2. 辅坯布

将以上取好的坯布对应同名线条复位在人台上，并使用大头针在关键点上固定。

#### 3. 制作

首先，将臀围线以上的坯布向上、左、右分别铺平在人台上，从下至上依次找到腰围线及胸片下边缘弧线，左右找到公主线分割，使用大头针固定廓型后再用定位笔以点划线形式将该区域款式轮廓线及腰节线从人台透画到坯布上，如图 5-1-22 所示。

将坯布从人台上取下，画实上述定位好的关键线，兼顾左右对称性。接下来，将其沿前中心线对折并用大头针临时固定，在下摆底边外边缘向内量取 2 cm 点与臀围宽点连直线作为前中心裙片的侧摆线，如图 5-1-23 所示。另半边侧摆线用同样方法对称完成。裙长则要等待整裙制作完成后确定。进而，沿廓型修剪缝份剩 2 cm，注意上止口 5 cm 余量不做改动。最后展开裁片，如图 5-1-24 所示。再次复位回人台，注意对齐上下层的同名线条，如图 5-1-25 所示。

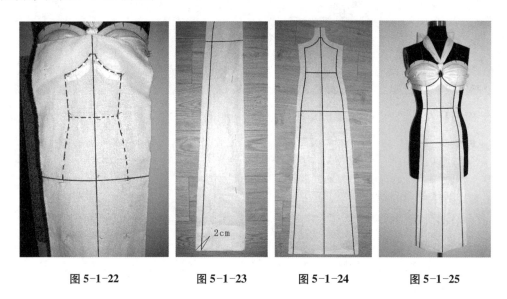

图 5-1-22　　　　　图 5-1-23　　　　　图 5-1-24　　　　　图 5-1-25

### 4. 做净上止口缝份

在裁片上边缘弧线的缝份上打若干剪口，扣净缝份并使用大头针假缝别合上下两层，不可牵连人台，上中心线处缝份则扣净穿套入颈带套环里。

**小贴示：**

（1）裙长可设在臀围线以下 55 cm 左右处，或依需要上下调节。

（2）布片过大时不易确定经、纬纱向的垂直关系，此时可利用桌边直角或地板上的垂直接缝作为参照进行确定。

（3）由于坯布宽度左右各预留 6 cm 余量，此时在摆底边外边缘去除 2 cm 后，实际在裙下摆处存留的摆大量为 4 cm。

（4）假缝别合的针法是使用大头针在上下层之间做拱针手法，将上下两层暂时固定在一起，便于观察造型效果、调整及从人台上取下裁片。施针方向尽量一致，便于预防针尖伤人。

### （八）制作前侧裙身

前侧裙片范围在胸片以下，左右截至公主线与侧缝线以内，下直至裙长线的区间。

### 1. 取料

在白坯布上沿经、纬纱撕取一块长方形布料，经纱方向长度为用软尺测得的该区域公主线向下延长至所需裙长的长度，上下各加 5 cm 余量；纬纱方向宽度为用软尺测得的该区间范围内臀围线的宽度，左右各加 8 cm 余量。将取下的长方形坯布校正经、纬纱向，熨烫平整。

　　然后使用定位笔和直尺将臀围线定位在坯布上。从上边线向下量取该区域臀围深加 5 cm 的点做上边缘线的平行线即为臀围线，量取该线段中点作为人台上的复位点，如图 5-1-26 所示。

### 2. 铺坯布

　　将以上取好的前侧身坯布复位在人台上，首先在人台上找到该区域臀围宽的 1/2 点作为坯布复位的参考点，接着水平复位该区域的臀围线，如图 5-1-27 所示。

### 3. 制作

　　首先，将臀围线以上的坯布向上平推至腰节线，在廓型以外左右横向打剪口以铺平坯布，使用大头针固定关键点；然后，继续向上平推至胸片下边缘线，在坯布上端廓型以外纵向打剪口以铺平坯布，使用大头针固定关键点；最后，将臀围线以上的廓型及腰围线使用定位笔透画到坯布上，如图 5-1-27 所示。

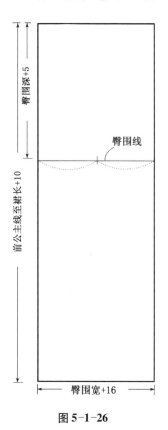

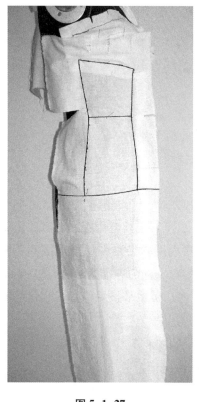

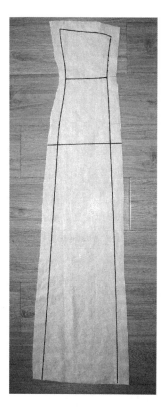

图 5-1-26　　　　　　　　　　　图 5-1-27　　　　　　　　　　　图 5-1-28

　　将坯布从人台上取下后，下摆底边处左右分别向内量取 4 cm 的点与臀围线左右端点连直线作为裙摆线，再沿廓型修剪缝份余 2 cm 如图 5-1-28。最后，将裁片复位回人台上边缘线及公主线分割的缝份扣转至反面，并与之前做好的前中心裁片净线对应，使用大头针假缝别合在一起。注意只别合面料，不要牵连到人台，如图 5-1-29、图 5-1-30 所示。

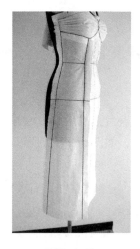
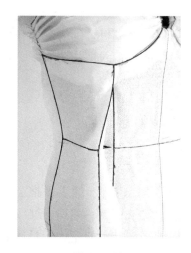

图 5-1-29                        图 5-1-30

可用相同的方法对称制作另一侧，也可在做好复位线、复位点的坯布上影射透画完成。

**小贴示：** 由于坯布宽度左右各预留 8 cm 余量，此时在摆底边的外边缘去除 4 cm 后，实际在裙下摆处存留的摆大量依然为 4 cm。

### （九）制作后侧裙片

后侧裙片分为左右两片，范围分别为左右后公主线至侧缝线、上端轮廓线至裙长下摆的区间。

#### 1. 取料

在白坯布上沿经、纬纱撕取一块长方形布料，经纱方向长度为用软尺测得的该区域公主线向下延长至裙底的长度，上下各加 5 cm 余量；纬纱方向宽度为用软尺测得的上述区间范围内最宽处尺寸（臀围宽或胸围宽），左右各加 8 cm 余量。将取下的长方形坯布校正经、纬纱向，熨烫平整后，使用定位笔和直尺将臀围线定位在坯布上。

从上边线向下量取该区域臀围深加 5 cm 的点做上边缘线的平行线即为臀围线，量取该线段中点作为人台上的复位点，如图 5-1-31 所示。

#### 2. 铺坯布

将以上取好的后侧裙片坯布复位在人台上，首先在人台上找到该区域臀围宽的 1/2 点作为坯布复位的参考点，再水平复位该区域的臀围线。

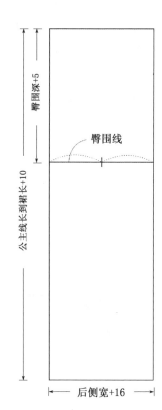

图 5-1-31

### 3. 制作

首先，将臀围线以上的坯布向上平推至腰节线，在廓型以外左右横向打剪口以铺平坯布，使用大头针固定关键点；其次，继续向上平推至胸围线及上款式边缘线，在坯布上端廓型以外纵向打剪口以铺平坯布，使用大头针固定关键点；最后，将臀围线以上的廓型及胸围线、腰围线使用定位笔透画到坯布上，如图5-1-32所示。

将坯布从人台上取下后，下摆处左右分别向内量取4 cm的点与臀围线左右端点连直线作为裙摆线，再沿廓型修剪缝份剩2 cm。最后，将侧缝线的缝份扣转至反面，并与前裙片侧缝净线对应，使用大头针将假缝别合在一起。别合至胸片褶裥时，应先将褶裥使用大头针横向分别固定好。注意整个过程只别面料，不要牵连到人台，如图5-1-33所示。

可用相同的方法对称制作另一侧，也可在做好复位线、复位点的坯布上影射透画完成。

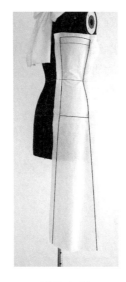
　　图 5-1-32

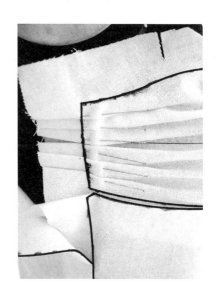
　　图 5-1-33

### （十）制作后中心裙身

后中心裙片范围上至后裙片上边缘线，左右截至公主线，下直至裙长线的区间内。

#### 1. 取料

在白坯布上沿经、纬纱撕取一块长方形布料，经纱方向长度为用软尺测得的该区域公主线向下延长至裙底的长度，上下各加5 cm余量；纬纱方向宽度为用软尺测得的上述区间范围内最宽处尺寸（臀围宽或胸围宽），左右各加8 cm余量。将取下的长方形坯布校正经、纬纱向，熨烫平整后，使用定位笔和直尺将腰围线及后中心线定位在坯布上，如图5-1-34所示。

从上边线向下量取该区域腰围深（上边缘线至腰围线的距离）加5 cm的点所做的平行线即为腰围线，量取该线段中点作垂线即为后中心线。

　　图 5-1-34

### 2. 铺坯布

将以上取好的后中心裙片坯布复位在人台上，首先垂直复位后中心线，进而水平复位该区域的腰围线。

### 3. 制作

首先，将腰围线上下的坯布分别铺平在人台上，向上依次找到胸围线及款式上边缘线，向下找到臀围线，左右找到公主线分割，并使用大头针固定廓型后再用定位笔将臀围线、胸围线及款式轮廓线从人台点划到坯布上，如图 5-1-35 所示。

将坯布从人台上取下，使用服装专业尺画实上述线条。其次，沿后中心线对折并用大头针临时固定，在下摆底边外边缘向内量取 4 cm 点与臀围宽点连直线作为侧摆线，用同样的方法对称完成另一边。再沿廓型修剪缝份剩 2 cm。最后，展开裁片再次复位回人台，如图 5-1-36 所示，注意对齐上下层的同名线条。此时，将公主线分割的缝份分别反扣与左右两后侧片净公主线假缝别合做净。

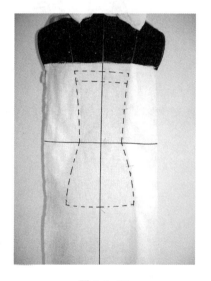
图 5-1-35

图 5-1-36

### （十一）制作裙下摆底边

首先，在前中心下底边处向上量取 5 cm 作为底边贴边；其次，在裙下摆围量一周水平测定该点距地面的等高点，如图 5-1-37 所示；最后，反折扣净下摆底边贴边，使用大头针假缝固定。

### （十二）扣净裙上止口

裙上止口包括前胸片、左右后侧片及后中心片上边缘止口。沿裙上边缘净线反扣缝份即可。为净轮廓线条自然流畅，可在净线外的缝份上适当打剪口。

整个制作过程始终注意裙片结构线、轮廓线与人台（同名线条的）复位关系。

## （十三）构成效果

如图 5-1-38 ～图 5-1-40 所示。

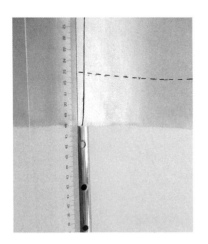

图 5-1-37

图 5-1-38

图 5-1-39

图 5-1-40

# 第二节 公主型礼服立体裁剪

## 一、款式分析

公主型礼服外轮廓型呈沙漏型，如图 5-2-1 所示。通过塑造合体的胸、腰造型及夸张臀部、下摆以充分体现女性人体曲线美。

此款公主型礼服腰位上提以拉伸下半身比例，体现俏皮可爱气质，胸部及臀部叠褶，进一步突出强调女性人体三围比例。后中心线装隐形拉链以实现穿脱功能，成衣效果如

图 5-2-2 所示。

图 5-2-1

图 5-2-2

## 二、材料准备

如图 5-2-3 所示，准备以下材料。

（1）胸垫：一副；

（2）裙撑：一个；

（3）标示线：两种颜色；

（4）定位笔：细头马克笔、气消笔等均可，备两色（一色常规另一色修正）；

（5）白坯布整理：熨平待用；

（6）人台：做好人体标示线。

（7）其他工具：软尺、直尺、服装专用尺、熨台、熨斗、大头针、剪刀、针线等；

图 5-2-3　材料准备

## 三、制作步骤

### （一）固定胸垫

取两片胸垫，中心点与人台胸高点重合，并以胸围线为参照左右对称分布，使用普通大头针（较专业大头针稍短且针头略大些）沿边缘均匀固定四点，下针时可垂直扎到底，平整的人台便于铺布。

### （二）重制人台标示线，并固定裙撑

#### 1. 重制人台标示线

固定胸垫后人台上的标示线被部分遮挡，使用标示条将胸围线、公主线重新标注在胸垫上，注意与原人台标示线的重叠关系，如图5-2-4、图5-2-5所示。

图5-2-4          图5-2-5

#### 2. 固定裙撑

将裙撑扎系于人台腰节线位置，如图5-2-6、图5-2-7所示。

图5-2-6          图5-2-7

### （三）确定礼服款式标示线

依据款式图，将腰节宽、礼服上边缘止口定位在人台上，如图5-2-6，5-2-7。

#### 1. 腰节宽

腰节宽下边缘正好位于人台腰节线上，上边缘位于腰节线平行向上7.5 cm处。将这两条线使用区别于人台标示线颜色的标示胶条明确在人台上。

#### 2. 礼服上边缘止口

在后中心线、后公主线及左右侧缝线处用软尺测得胸围线以上2.5 cm一点，使用款式标示条将上述各点水平连线，左右继续向前以下弧线圆顺至胸垫上端进而上弧至前中心线，整条上边缘止口线要平滑顺畅，且左右对称。为确保其对称性可事先标注若干定位点，没有把握可分段完成，反复调整直至达到理想状态，再使用普通大头针居中整针插底固定。

**小贴示**：开始新的款式立裁之前，可使用微潮的毛巾清洁人台上的纤维、印迹等，保证人台的整洁。

### （四）制作前中心胸片

前中心胸片范围上下截至到款式上边缘止口线和腰节上边缘线，左右截至到左右前公主线的区域范围以内。

#### 1. 取料

在白坯布上撕取一块长方形布料，纵长为用软尺测得的人台上此区域公主线的长度上下各加5 cm余量，横宽为用软尺测得的此区域款式上边缘止口长左右各加5 cm的余量。将其校正纱向、熨烫平整，用定位笔确定前中心线及胸围线的位置。

前中心线为布宽1/2点的垂直线；胸围线位置是从坯布上边缘向下量取此区域胸围线以上公主线的长度加5 cm余量，如图5-2-8所示。

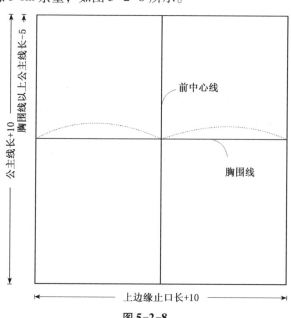

图5-2-8

### 2. 铺坯布

将上面准备好的坯布复合在人台上。

首先,将坯布与人台的胸围线、前中心线分别水平、垂直复合在一起,坯布展平,两线十字交叉点在人台上自然悬空,再使用大头针在关键点上固定;然后,使用定位笔将人台上的轮廓线以点绘的形式透画在坯布上,如图5-2-9所示;接下来,取下坯布用服装专用尺及定位笔画实轮廓线,并修剪缝份剩2 cm,如图5-2-10所示;最后,将裁片再次复位回人台,注意上下两层同名点、线一定要重合对应,如图5-2-11所示。

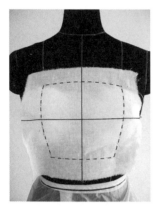 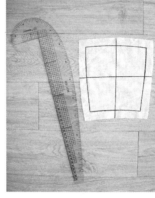 

图5-2-9    图5-2-10    图5-2-11

### (五) 制作前侧胸片

前侧胸片范围上下截至到款式上边缘止口线和腰节上边缘线,左右截至到侧缝线与前公主线的区域范围内。由左右对称的两片组成。

#### 1. 取料

在白坯布上撕取一块长方形布料,纵长为用软尺测得的人台上此区域公主线的长度上下各加5 cm余量,横宽为用软尺测得的此区域胸围线的宽度左右各加5 cm余量。将其校正纱向、熨烫平整。胸围线的确定方法与前中心胸片相同,量取其1/2点作为复位时的参照点,如图5-2-12所示。

#### 2. 铺坯布

将上述准备好的坯布复合在人台上。

首先,在人台上量取此区域内胸围宽的1/2点作为坯布复位的参考点;然

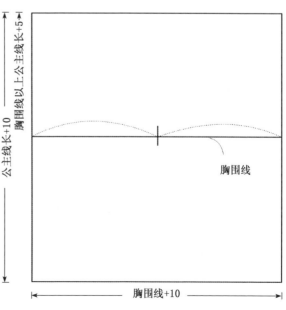

图5-2-12

后，将坯布铺在人台上，复合上下两层的胸围线与定位点并使用大头针固定；接下来，将坯布水平向上、下两个方向推平至款式轮廓线，使用大头针固定，进而使用定位笔将轮廓线点绘在坯布上；再接下来，取下坯布用服装专用尺及定位笔画实轮廓线，并修剪缝份剩2 cm，如图5-2-13所示；最后，将裁片再次复位回人台，注意上下两层同名点、线一定要重合对应，如图5-2-14所示。

用相同的方法制作另一侧胸片，或在整烫、画好复位点线的另一块坯布上对称透画。

将左右两片前侧胸片复位回人台，分别将左右公主线分割缝份翻转扣净，使用大头针与前中心胸片缝份假缝别合，如图5-2-15所示。

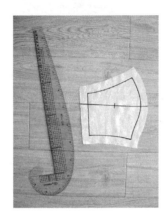  

图5-2-13　　　　　　　　图5-2-14　　　　　　　　图5-2-15

**小贴示**：铺坯布时，坯布上的胸围线纬纱始终保持与人台胸围线水平重合，以确保纱向性能达到最佳。

使用大头针假缝别合便于调整和拆装。注意不可牵带人台、胸垫及其他。

### （六）制作后背片

后背片上下截至到款式上边缘止口线和腰节上边缘线，左右截至到后中心线与侧线线的区域范围内。以后中心线为界由左右对称的两片组成，首先制作左背片。

#### 1. 取料

在白坯布上撕取一块长方形布料，纵长为用软尺测得的该区域侧缝长度尺寸上加4 cm余量，下加6 cm的余量；横宽为用软尺水平测得的该区域内胸围线宽度左右各加5 cm的余量。将其校正纱向、熨烫平整，再用定位笔在上面确定胸围线并找到其与后中心线的交点。

胸围线位置在从坯布上边缘向下量取2.5 cm上款式边缘线宽度进而再加4 cm余量，即6.5 cm点的水平线上；从胸围线右端量取5 cm余量，该点即为胸围线与后中心线交点的复位点，如图5-2-16所示。

#### 2. 铺坯布

将上面准备好的坯布符合在人台上。

（1）首先，将坯布上的胸围线与中心线复合点对应在人台的同名点上，并使用大头针固定；然后，向侧平铺坯布，使坯布与人台的胸围线复合在一起，再使用大头针固定，当坯布上的胸围线平推至展到人台转折面时便开始较人台胸围线呈上翘趋势，这是由于人体胸腰差所致，尽管继续铺平坯布至侧缝，使用大头针固定即可，如图 5-2-17 所示。

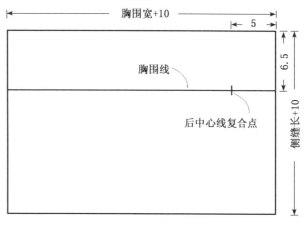

图 5-2-16

（2）定位取形

使用定位笔以点画线形式绘出裁片廓型及变形部分的胸围线；最后，取下坯布使用服装专业弯尺以实线形式定位在坯布上，并在轮廓线外留 2 cm 缝份进行修剪，如图 5-2-18 所示。

图 5-2-17

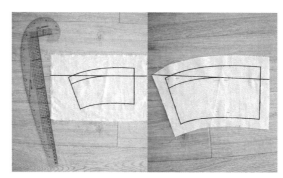

图 5-2-18

（3）依上述方法对称制作右后胸片，或在标好复位线的坯布上对称透画裁制，然后将两裁片复合在人台上，使用大头针固定，如图 5-2-19、图 5-2-20 所示。最后将左右侧缝缝份翻转，对应前后胸片侧缝净线使用大头针假缝固定。

图 5-2-19

图 5-2-20

## （七）制作前裙片

前裙片范围上至腰节线，下至裙长线（低于裙撑底边），左右确定在侧缝线的区域内。

### 1. 取料

在白坯布上撕取一块长方形布料，纵长为用软尺测得的侧缝线上腰节线至裙长线之间的长度，上下各加5 cm的余量；横宽为用软尺水平测得的左右侧缝之前裙撑下摆宽左右各加5 cm的余量。将其校正纱向、熨烫平整，再用定位笔在上面确定前中心线及其与腰节线的交点。

前中心线为以坯布横宽1/2点引出的垂线，从该线上端点向下量取5 cm余量作为前中心线与腰节线交点的复位点，如图5-2-21所示。

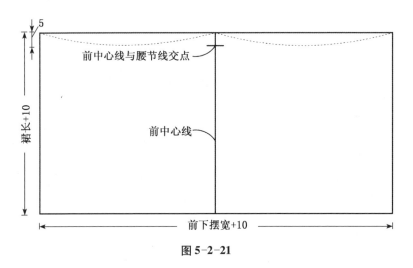

图 5-2-21

### 2. 铺坯布

将上面准备好的坯布复合在人台上。

（1）在裙撑前片测得纵对称线作为前裙片中线的对照线，使用标示胶条确定在裙撑上。

（2）将坯布前中心线与腰节线交点复位在人台上，使用大头针固定。

（3）纵向复合上下两层裙前中心线，使用大头针固定，如图5-2-22所示。

（4）分别铺平左右裙片，一边铺一边在腰节线以外打剪口以便展平坯布，使用大头针固定。再使用定位笔将人台上的腰节线透画在坯布上，如图5-2-23所示。

（5）使用标示条定位左右侧缝线。

（6）在前中心线上测定裙长点，使用直尺测量该点距地面的水平等高线作为裙底摆线，如图5-2-24所示。

（7）取下坯布后，使用定位笔画实轮廓线。侧缝线要先将标示条轨迹透画在坯布反面，然后取下正面标示条再把反面轨迹透画回正面。最后修剪腰口线、侧缝线缝份剩2 cm，底边留4 cm贴边，如图5-2-25所示。

（8）将裁片展开复合在人台上，注意裁片与裙撑同名线条的重合性，如图5-2-26所示。

图5-2-22　　　　　　　　　　图5-2-23　　　　　　　　　　图5-2-24

图5-2-25　　　　　　　　　　图5-2-26

## （八）制作后裙片

后裙片上下截至腰节线、裙长线，左右分别截至后中心线、侧缝线，并以后中心线为界左右分为两片。首先制作左后裙片。

### 1. 取料

在白坯布上撕取一块长方形布料，纵长为用软尺在裙撑外测得的腰节线至裙长线的长度上下各加5 cm的余量，横宽为用软尺水平测得的裙撑下摆处左侧缝线至后中心线之间的宽度左右各加5 cm的余量。将其校正纱向、熨烫平整，再用定位笔在上面确定左后裙片的中线及其与腰节线的交点。

左后裙片中线为以坯布横宽1/2点引出的垂线，从该线上端点向下截取5 cm余量作

为其与腰节线交点的复位点，如图 5-2-27
所示。

### 2. 铺坯布

将上面准备好的坯布复合在人台上。

（1）首先在左后裙撑上纵向确定 1/2
对称线，作为后左裙片中心线的复位线，
使用标示胶条确定在裙撑上。

（2）将坯布左后中心线与腰节线的交
点复位在人台相应位置，使用大头针固定
该点。

（3）纵向复合上下两层中心线，使用
大头针别合固定。

图 5-2-27

（4）分别铺平中心线左右坯布，边铺
边在腰节线以外打剪口以便展平坯布，并使用大头针固定。

（5）使用定位笔将人台上的腰节线、后中心线及左侧缝线透画在坯布上。然后，将
前后裙长距地面的水平等高线使用直尺测定在裙片上，如图 5-2-28 所示。

（6）取下坯布后，使用定位笔划实轮廓线。进而修剪缝份，腰口线、后中心线及侧
缝线留 2 cm，底边留 4 cm 作为贴边，如图 5-2-29 所示。

（7）将修剪好的裁片展开复合在人台上，注意裁片与裙撑同名线条重合。

（8）运用相同方法制作右后裙片。

（9）处理缝份：分别翻转后裙片左右侧缝份，对应前裙片侧缝净线使用大头针假缝
固定。进而将胸片及裙片后中心缝份以劈缝形式假缝别合在一起，以便工艺制作时安装
隐形拉链。再翻扣底摆贴边，使用大头针别合固定，如图 5-2-30 所示。

图 5-2-28

图 5-2-29

图 5-2-30

### （九）制作上层裙片

上层裙片同样分为前裙片、左后裙片及右后裙片三片组成，制作方法与上述底裙相同，只是裙长只有底裙裙长的 3/4 左右，采用测量距底裙裙长等高点的形式确定，最后使用大头针假缝做各边净缝份及底边，如图 5-2-31～图 5-2-33 所示。

图 5-2-31　　　　　　　　图 5-2-32　　　　　　　　图 5-2-33

### （十）制作裙身褶饰

#### 1. 做饰条

（1）取料

在白坯布上撕取一块长方形布料，横宽为 13 cm，包含上下各 1 cm 缝份；纵长可由几段接合而成，总长约为 20 m 左右。将若干段布条校正纱向、熨烫平整，如图 5-2-34 所示。

（2）制作

使用缝纫设备将若干面条以 1 cm 缝份接合，熨烫劈缝后，将其缝份朝外对折横宽，继续使用缝纫设备缉净 1 cm 缝份。接下来将筒状的饰条一端扣叠两下用手针缝合固定，顶入长直尺慢慢翻出正面。最后拆除手针缝线后熨烫整条缝份呈里外容，此时可借助直尺撑在筒里辅助熨烫，如图 5-2-35 所示。

图 5-2-34

图 5-2-35

### 2. 装饰条

（1）装胸衣饰条：

首先扣净胸衣上止口缝份，然后拿起饰条一端正面朝上折出第一个褶固定在胸衣前中心线一边，固定时大头针只可别住胸衣，不可牵带人台及胸垫等。在第一个饰褶基础上，继续均匀叠压出第二个、第三个……直至完成整排褶饰，最后留 2 cm 缝份剪断饰条，如图 5-2-36 所示。

依此方法继续完成该半身胸衣褶饰，如图 5-2-37 所示，再对称完成另半身即可。注意后中心线处饰褶不可影响后期安装隐形拉链。

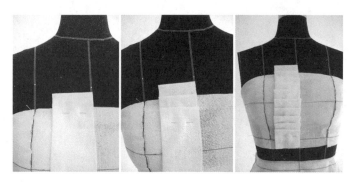

图 5-2-36　　　　　　　　　　　　　　　　图 5-2-37

（2）装裙饰条

用上述方法制作作完成裙饰条造型，注意整体比例谐调，左右对称，如图 5-2-38 所示。

图 5-2-38　　　　　　　　图 5-2-39　　　　　　　　图 5-2-40

**小贴示：**"里外容"即为熨烫时将里子缩进 0.1 cm，使合缝正面干净利落，完全看不到反面的里子。

## （十一）制作裙腰

使用款式标示胶条将人台上的腰位线重新定位在装饰条外，如图 5-2-39，5-2-40。

### 1. 制作前裙腰

前裙腰范围在左右侧缝线之间的前腰位线以内。

（1）取料

在白坯布上撕取一块长方形布料，纵宽为前腰宽（7.5 cm）上下各加 5 cm 余量，横长为用软尺测得的前上腰轮廓线长左右各加 5 cm 的余量。将其校正纱向、熨烫平整，再用定位笔在上面确定前中心线及其与腰节线的交点。

前中心线位于坯布横宽 1/2 的垂线上，从其下端向上截取 5 cm 余量的点即为前中心线与腰节线的交点，如图 5-2-41 所示。

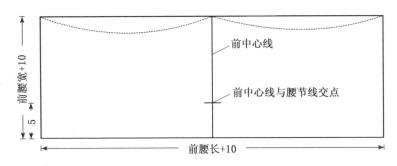

图 5-2-41

（2）铺坯布

将上面准备好的坯布复合在人台上。

首先将前中心线与腰节线的交点复位在人台上，使用大头针固定；再向上复位前中心线，并施针固定；接下来向左右分别推平腰片，边推边在款式轮廓线以外打剪口以便平整；之后，使用定位笔点画出前腰片轮廓线，如图 5-2-42 所示；最后取下前腰片使用服装专用尺画实轮廓线，修剪缝份剩 2 cm 后，再度复合回人台，扣净上下缝份假缝别合在衣裙上，如图 5-2-43、图 5-2-44 所示。

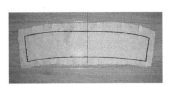

图 5-2-42　　　　　　　图 5-2-43　　　　　　　图 5-2-44

### 2. 制作后裙腰

后裙腰范围在左右侧缝线之间的后腰位线以内。以后中心线为界由左右对称的两片构成。

首先制作左后裙腰。

（1）取料（图5-2-45）

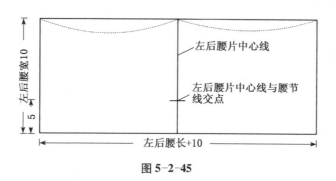

图5-2-45

在白坯布上撕取一块长方形布料，纵宽为后腰宽（7.5 cm）上下各加5 cm余量，横长为用软尺测得的左后腰上轮廓线的长度左右各加5 cm的余量。将其校正纱向、熨烫平整，再用定位笔在上面确定左后心线及其与腰节线的交点。

左后中心线为坯布横宽1/2处的垂线，从其下端向上去除5 cm余量即为左后中心线与腰节线的交点。

（2）铺坯布

将上面准备好的坯布复合在人台上。

首先在人台的左后腰位处测定一条中心垂线，将坯布上的复位点、线与人台对应并施针固定；接下来向左右分别推平该腰片，一边推一边在款式轮廓线以外打剪口以便平整；然后使用定位笔点画出该腰片轮廓线；最后取下该腰片使用服装专用尺画实轮廓线，修剪缝份剩2 cm后，再度复合回人台。

图5-2-46

（3）依上述方法对称制作右后腰片。最后扣净缝份用大头针假缝别合，如图5-2-46所示。

### （十二）构成效果

正面效果如图5-2-47、侧面效果如图5-2-48、背面效果如图5-2-49所示。

实际着装效果，如图5-2-50所示。

图 5-2-47

图 5-2-48

图 5-2-49

图 5-2-50

# 第三节　花苞型礼服立体裁剪

## 一、款式分析

花苞型礼服外轮廓型呈含苞待放的花苞型，裙身中下部位有明显的膨胀感。

此款礼服的款式为高腰、抹胸、颈肩带式花苞型礼服裙，底摆呈前高后低状。后中心线装隐形拉链，如图5-3-1所示。

图5-3-1

图5-3-2

## 二、材料准备

如图5-3-2所示，准备以下材料。

（1）胸垫：一副；

（2）标示线：两种颜色；

（3）定位笔：细头马克笔、气消笔等均可，备两色（一色常规另一色修正）；

（4）白坯布：整理熨平待用；

图5-3-3　材料准备

（5）面料：整理熨平待用；

（6）人台：做好人体标示线；

（7）其他工具：软尺、直尺、服装专用尺、熨台、熨斗、大头针、剪刀、针线等。

## 三、制作步骤

### （一）固定胸垫

取两片胸垫，以胸围线及前中线为参考，上下、左右调整至合理对称的位置后，用大头针沿边缘进程四点固定，下针时可垂直扎到底，平整的人台便于铺布。

### （二）重制人台标示线

固定胸垫后人台上的标示线被部分遮挡，将此款礼服立裁所需的胸围标示线水平补充完整，其余隐藏了的标示线此款可省略，如图 5-3-4、图 5-3-5 所示。

图 5-3-4　　　　　图 5-3-5　　　　　图 5-3-6　　　　　图 5-3-7

### （三）确定礼服款式标示线

依据款式，将上半身腰带、颈肩带、前抹胸、后背片等款式造型线使用区别于人台标示线的另一颜色标示线确定在人台上。注意腰线、背部上边缘止口与人台腰节线、胸围线的平行关系。同时可依视觉审美进行局部微调设计，调试满意后用大头针垂直扎到底进行固定，如图 5-3-6、图 5-3-7 所示。

**1. 腰带标示**

上边缘线与两胸垫下边缘相切，顺切线以人台腰围线为参照水平标示一周；下边缘线为上边缘线水平下降 5.5 cm 使用胶条标示一周。两线中间的平行带状即为腰带形状。

**2. 颈肩带标示**

首先确定外边缘线，其下段从侧缝线与胸围线交点上提 2 cm 位置起模拟袖窿弧缓缓上升，上段模拟后领弧，中段用顺畅的曲线过度顺畅；接下来确定内边缘线，上段距外边缘上升 3.5 cm 作平行线，向下至胸垫后开始模拟胸垫外侧轮廓线，向下垂直并截止在腰位上边缘线处。以上两边与后颈中线、侧缝线、腰位上边缘线围成的多边形即为颈肩带形状。

### 3. 前抹胸标示

上边缘线为胸垫与颈肩带的上交点沿胸垫上内轮廓顺至前中心线与胸围线的交点继续直线延长交至腰位上边缘线。该线与颈肩带内边缘线和腰位上边缘线三边围成的三角形即为前抹胸形状。

### 4. 后背片标示

上边缘线为胸围线水平上提 2 cm，起止于侧缝线和后中心线之间的线段。其与侧缝线、后中心线、腰位线上边缘围成的梯形即为后背片的形状。

由于此款礼服为左右对称的款式，所以礼服款式标示线仅确定右半身，样衣也可只做右半身，左半身影射对称裁剪制作即可。

### （四）制作颈肩带

#### 1. 取料

在白坯布上撕取一块长方形布料，纵长为用软尺测得的人台上从颈肩点垂直向下经胸高点至裙腰上边缘的长度，上下各加 5 cm 的余量；横宽为用软尺测得的胸围线从侧缝线至前中收线的宽度，左右各加5 cm 的余量。将其校正纱向、熨烫平整，再用定位笔在上面确定胸围线及其与侧缝线交点的位置。

胸围线位置为从坯布上边缘向下量取人台颈肩点至胸高点的长度加 5 cm 余量，用直尺和定位笔沿一根水平纬纱确定；在该线上从左端向内截取5 cm 的余量即确定为胸围线与侧缝线的交点，如图 5 - 3 - 8 所示。

#### 2. 铺坯布

将上述准备好的坯布复合在人台上。

（1）首先将坯布上胸围线与侧缝线的交点复位在人台的同名点上，

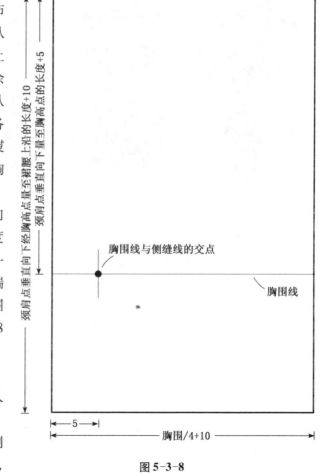

图 5-3-8

并使用大头针以倾斜 45°角半下针的方式加以固定；接下来铺平坯布上的胸围线与人台上的同名线复位成一线，使用大头针固定。调整理想后方可进行下一步。

（2）将坯布分别向上下两个方向边打剪口边顺着人台颈肩带标示线轻柔贴合在人台上，此时剪口要小心作在颈肩带款式线以外，其中前胸、下口处需要量较少，袖窿处需要量较多，颈根处上下需要量最多且深度较深，使得坯布向上延续至后领中线，向下延续至腰带上边缘。

### 3. 定位取形

（1）使用定位笔将人台上颈肩带轮廓透画在坯布上，辨别不清的地方可以掀起坯布确定位置，如图 5-3-9、图 5-3-10 所示。

（2）在轮廓线外留 2 cm 缝份修剪坯布，如图 5-3-11、图 5-3-12 所示。

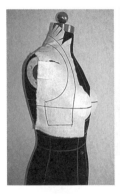   

图 5-3-9　　　　　图 5-3-10　　　　　图 5-3-11　　　　　图 5-3-12

### （五）制作前抹胸

#### 1. 取料

在白坯布上撕取一块长方形布料，纵长为用软尺垂直测得的抹胸款式标示线最高点至最低点的垂直长度上下各加 5 cm 的余量，横宽为用软尺水平测得的抹胸款式标示线最左点至最右点水平宽度宽左右各加 5 cm 的余量。将其校正纱向、熨烫平整，再用定位笔在上面确定胸围线及其与颈肩带交点的位置。

坯布纵长的 1/2 处定位为胸围线位置，用直尺和定位笔沿水平确定；在该线上从左端向内截取 5 cm 的余量即确定为胸围线与颈肩带的交点，如图 5-3-13 所示。

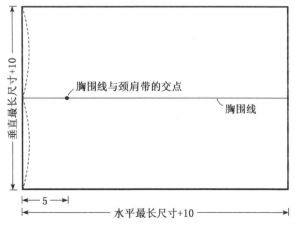

图 5-3-13

#### 2. 铺坯布

将准备好的坯布复合在人台上。

（1）首先调整坯布与人台的胸围颈肩带交点重合为一点，如图 5-3-14 所示。在其外上方用大头针以倾斜 45°半下针方式加以固定。接下来确定上下两层的胸围线水平复合为一线，同样在其关键点的外上方用大头针以倾斜 45°半下针方式加以固定。调整理想后方可进行下一步。

（2）将人台胸高点至前中心线区域的坯布向上下两个方向展平，将多余的量柔和赶至抹胸轮廓线以外。接下来将胸高点以前抹胸轮廓线顺势向侧方推平，上下不易推平的部位可以轮廓线外打剪口。此时颈肩带处会形成部分余量，将其收成一条一条的细褶用大头针一一固定，最终塑出立体自然的胸型。过程中注意保持坯布与人台的胸围线上下重合。

### 3. 定位取形

（1）使用定位笔将人台上抹胸轮廓透划在坯布上，辨别不清的地方可以掀起坯布确定位置，如图 5-3-15 所示。

（2）在轮廓线外留 2 cm 缝份修剪坯布，如图 5-3-16 所示。

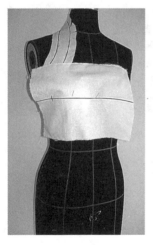  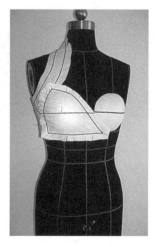

图 5-3-14              图 5-3-15              图 5-3-16

### （六）制作后背片

后背片由左右对称的两片构成，首先制作左背片。

### 1. 取料

在白坯布上撕取一块长方形布料，纵长为用软尺垂直测得的左后背片款式标示线最长尺寸上下各加 5 cm 的余量，横宽为用软尺水平测得的后中心线至侧缝间最宽尺寸左右各加 5 cm 的余量。将其校正纱向、熨烫平整，再用定位笔在上面确定胸围线及其与后中心线交点的位置。

胸围线位置为从坯布上边缘向下量取胸围线至后身上边缘垂直长度加 5 cm 余量，用直尺和定位笔水平确定围线；在该线上从左端向内截取 5 cm 的余量即确定为胸围线与后中心线的交点，如图 5-3-17 所示。

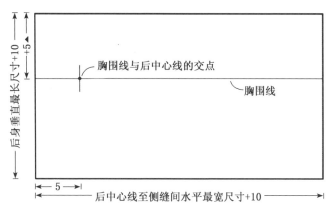

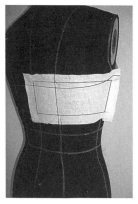

图 5-3-17　　　　　　　　　　　　　　　　图 5-3-18

## 2．铺坯布

将上述准备好的坯布复合在人台上。

（1）首先调整坯布与人台的胸围后中心线交点重合为一点，在其外上方用大头针以倾斜45°半下针方式加以固定。接下来确定上下两层的胸围线水平复合为一线，同样在其关键点的外上方用大头针以倾斜45°半下针方式加以固定。调整理想后方可进行下一步。

（2）将坯布分别向上下两个方向轻柔推开贴合在人台上，使得坯布向上延展至后身款式标示线上边缘，向下延展至后背片款式标示线下边缘。

## 3．定位取形

（1）使用定位笔将人台后背片轮廓透画在坯布上，辨别不清的地方可以掀起坯布确定位置。

（2）剪去轮廓线外多余的布料，各边均匀留出 2 cm 的缝份，如图 5-3-18 所示。

### （七）检验定版

将颈肩带、前抹胸和后背片缝份扣倒至坯布反面使用大头针假缝别合，如图 5-3-19、图 5-3-20 所示。观察外观效果，对不理想的部位进行修正，满意后取下坯布，将净份轮廓线再次描画清晰，确定版型，如图 5-3-21 所示。

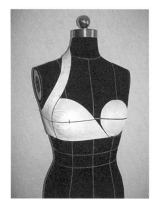

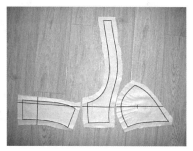

图 5-3-19　　　　　　　图 5-3-20　　　　　　　图 5-3-21

### （八）裁剪面料

将确定的版型铺在熨烫平整的面料上，对准纱向后画样、裁剪出裁片，同时将关键点、关键线也一并描画在裁片上，以便将其复合在人台上。左衣身也对称裁制下来，如图 5-3-22 所示。

面料图案也是礼服设计的重要组成部分之一，所以在面料选择时要加以斟酌。

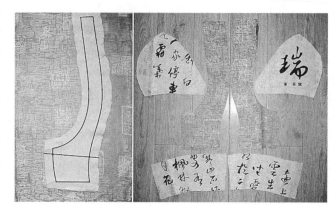

图 5-3-22

### （九）将面料复合在人台上

首先在没有款式标示线的右半身人台上对称测量定位出几处关键的复合点、复合线，之后一一对应将面料复合在人台上。

#### 1. 复合抹胸

将抹胸上边缘缝份扣烫干净，从处于下片的右侧胸片开始，对应胸围线、轮廓线及关键复合点后施针固定。调整理想后以同样的方法固定左侧胸片，如图 5-3-23 所示。

#### 2. 复合颈肩带

将颈肩带前、上两边缘缝份扣烫干净，左右分别对应胸围线、轮廓线及关键复合点后施针固定，如图 5-3-24 所示，调整至理想状态方可进行下一步。

接下来将颈肩带与抹胸搭接的地方用几根大头针假缝固定在一起。

#### 3. 复合后衣身

将后衣身上边缘缝份扣烫干净，左右分别对应胸围线、轮廓线及关键复合点后施针固定，并调整至理想状态，如图 5-3-25 所示。

图 5-3-23

图 5-3-24

图 5-3-25

### （十）扣净缝份

#### 1. 侧缝缝份

将后衣身侧缝缝份扣转至反面与颈肩带侧缝线搭接，对齐人台侧缝线用几根大头针将假缝固定在一起，如图 5-3-26 所示。

#### 2. 后中缝缝份

将后衣身后中缝处的缝份左右分扣，对接在人台后中线处并用几根大头针将假缝固定；以同样的方法处理颈肩带在后颈中线上的缝份，最后用一针大头针将假缝固定，如图 5-3-27 所示。

此时，仅有腰节线处于毛份状态，其余缝份均已做净。

 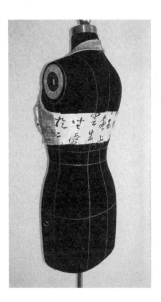

图 5-3-26　　　　　　　　　　　　　图 5-3-27

### （十一）制作裙腰

#### 1. 裙腰造型分析

观察女体人台不难看出，女性人体三围处于中间的腰围尺寸相对小于处于上下两端的胸围、臀围尺寸，形似中间窄两边宽的沙漏状。同样为可以视为两个摞放在一起的圆台体，腰节线以上为倒圆台体，腰节线以下为正圆台体。圆台体上下台面均与地面保持水平，延后中心线展开的平面呈现为扇形，这就使得处于不同腰位的腰带的平面造型会不所不同，如图 5-3-28。

高腰位腰带形状呈两端下垂的弯刀形，低腰位腰带形状呈两端上扬的弯刀形。处于交界处中腰位腰带的形状则呈没有弯度的直腰形（即长方形）。这在实际立裁中也得到了验证，下图为此款高腰型礼服经立裁得到的一片前腰和两片后腰的形状，如图 5-3-29 所示。

此款裙腰的制作难点在于，将二方连续图案的直纱面料制作成两端下垂的弯刀形裙腰。

　　**小贴示**：腰位鉴别：腰位处于腰节线上属中腰，高于腰节线属高腰，低于腰节线属
低腰。

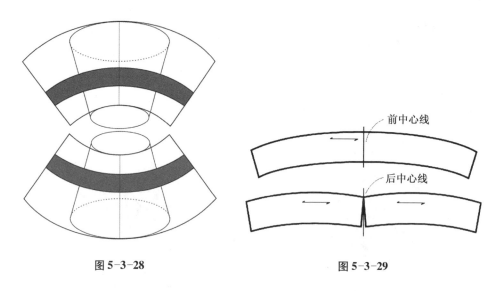

图5-3-28　　　　　　　　　　　　　　　　　图5-3-29

### 2. 制作裙腰

　　（1）将二方连续图案直纱面料上下各留2 cm左右的缝份，再剪开成若干段相同花回
待用，同时左右对称预留半个图案作为缝份。前腰带最少使用三个花回才可仿制出左右
对称的下弯刀腰形，如图5-3-30、图5-3-31所示。

图5-3-30　　　　　　　　　　　　　　　　　图5-3-31

　　（2）取一个花回图案的中线对准人台前中心线，扣净上边缘缝份水平对齐裙腰上款
式线后，施针固定，如图5-3-32所示。

　　（3）再取一个花回图案扣净上边缘和前边缘缝份，上净线对齐裙腰上款式线，前净
线下端点对准上一花回图案侧下净点，此时两图案上端净点略微张开，在图案接缝处呈
倒三角状，这样即实现了下弯刀造型又实现了图案的顺畅接续。调整理想后施针固定，
如图5-3-33所示。

　　（4）以同样方法对称完成另一边前腰造型及图案的接续，如图5-3-34所示。

　　（5）用同样方法制作后裙腰。注意保证裙腰造形的同时还要实现图案接续的顺畅自
然，如图5-3-35、图5-3-36所示。

（6）侧缝缝份倒向后身，后中心线缝份分倒向两边，扣净后用大头针假缝别合，仅留下边缘缝份以待衔接下裙，如图 5-3-37 所示。注意后中心线是装隐形拉链的位置，所以虽将净线暂时对合固定但也要分别保持其在左右裙片上的独立性。

图 5-3-32　　　　　　　图 5-3-33　　　　　　　图 5-3-34

图 5-3-35　　　　　　　图 5-3-36　　　　　　　图 5-3-37

### （十二）制作裙底衬

用白坯布制作一直筒型的基型裙作为裙底衬，拉链开口留在后中心线上。

#### 1. 取料

在白坯布上撕取一块长方形布料，纵长为裙长尺寸（从裙腰下边缘垂直向下量至小腿中间）上下各加 5 cm 的余量，横宽为人台臀围尺寸加 4 cm 人体活动量后左右再加 5 cm 的余量。将其校正纱向、熨烫平整，再用定位笔在上面确定臀围线、前中心线、后中心线及侧缝线。

臀围线位置是从坯布上边缘向下量取用人台腰带下边缘至臀围线的最长尺寸加 5 cm 余量（▲），前中心线为臀围线 1/2 点所处的垂直经纱；左右分别量取 5 cm 点所处的经纱确定为后中心线，前中心线分别至左右侧缝线的 1/2 点所处的经纱为侧缝线，将上述关键线使用直尺和定位笔确定在坯布上。此时，4 cm 的人体活动量已均匀分布到臀围线上，如图 5-3-38 所示。

### 2. 铺坯布

（1）将准备好的坯布铺到人台上，臀围线、前中心线、左侧缝线、右侧缝线、后中心线一一对应，在关键点处施针固定，如图 5-3-39 所示。

（2）如图 5-3-40 所示，将后中心线臀围线以下缝份用针线假缝后左右分扣；臀围线以上缝份使用大头针假缝别合，便于安装拉链。

（3）在腰节线上围绕人台均匀作出省道，通常左右侧缝各 1 个，前后左右

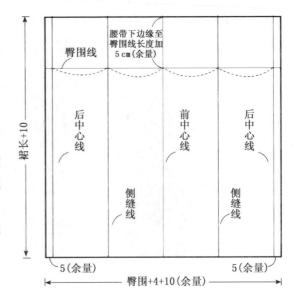

图 5-3-38

四裙片各 2 个。首先在裙腰上均匀确定省位，接下来将腰部余量平均分配给各个省作为省大，最后将省分别向上下延伸出省长，如图 5-3-41 所示。注意：①下方省尖在距臀围线 3～4 cm 处截止可实现臀胯部位自然饱满；②在收净腰部余量的同时臀围处的 4 cm 活动量予以保留。调整理想后用大头针固定。

图 5-3-39

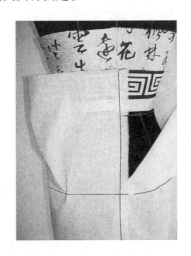

图 5-3-40

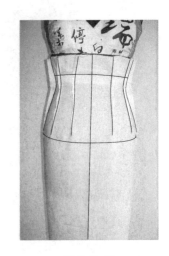

图 5-3-41

（4）使用定位笔将人台上腰带下边缘轮廓透划在坯布上，辨别不清的地方可以掀起坯布确定位置；接下来将裙身的省位、省大及省长用定位笔标注在坯布上。

（5）腰部轮廓线外留出 2 cm 的缝份后将多余的布料剪去，如图 5-3-42 所示。

（6）在裙衬下摆处用定位笔大致定位裙长的位置及造型，依款式图可设计成前高后

低的弧线，如图 5-3-43 所示。

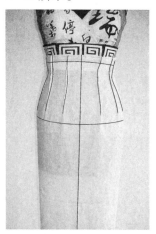 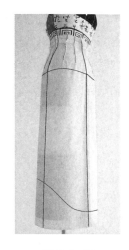

图 5-3-42　　　　　　　　　　图 5-3-43

小贴示：

（1）人体臀围周长蹲坐时约比站立时增加 4 cm，所以要加入 4 cm 的人体活动量。

（2）裙衬下半部分悬空不易于在上面操作和定位，此时可用硬纸板粘制一圆筒放入其中作为支撑。

### （十三）制作裙身造型

用面料制作花苞型的裙身，拉链开口留在后中心线上。

#### 1．取料

面料熨烫平整后裁取一块长方形布料，纵长为 2 倍裙长尺寸上下各加 5 cm 的余量，横宽为 3 倍人台腰带下边缘围度尺寸左右各加 5 cm 的余量。面料幅宽不够可在侧缝线上拼接，注意保持纱向正直。使用定位笔在上面横向确定臀围线，纵向确定前、后中心线及侧缝线的位置，方法同裙衬。并将后中心线臀围线以下缝份用针线假缝后熨烫成左右分开缝；臀围线以上缝份直接熨烫成左右分开缝以备安装拉链，如图 5-3-44 所示。

#### 2．铺坯布

（1）将面布上的臀围线与前中心线、左侧缝线、右侧缝线、后中心线的交点分别对应在底裙上并使用大头针别合固定，不可牵带人台，如图 5-3-45 所示。

（2）将前中心线、左侧缝线、右侧缝线、后中心线分别向上推平找到其在腰带下边缘线

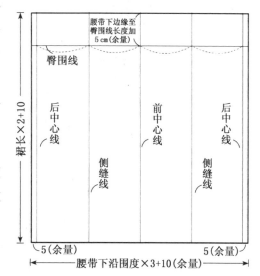

图 5-3-44

上的交点，并施针别合在底裙上。此时面料比较厚重，可多找几处支撑点固定，如图5-3-46所示。

（3）将腰部多余的面料制作成四对活褶裥，对倒在前、后中心线和左、右侧缝线处，如图5-3-47所示。

（4）用定位笔确定腰带下边缘位置及该处各条褶裥的边线。腰口处均匀留出2 cm缝份多余量剪掉，如图5-3-48所示。

图5-3-45　　　　　　图5-3-46　　　　　　图5-3-47　　　　　　图5-3-48

（5）连同底裙腰口缝份一并反扣至背面，并将两层净腰口线一起使用大头针固定在腰带下边缘线上，如图5-3-49所示。

（6）整理好自然下垂的褶裥，以备制作花苞造型，如图5-3-50所示。

图5-3-49　　　　　　　　　　图5-3-50

### 3. 制作花苞造型

（1）先后依次在前后中心线及左右两侧缝线处提起一定的量，形成饱满膨胀的花苞造型，使用大头针别合固定在底裙下摆线的同名线上。在硬纸板裙撑的辅助下找线定点会相对容易些。调整理想后方可进行下一点。

（2）将裙摆处多余的布量继续提起堆褶，一边堆褶一边用大头针固定，注意上下两层前、后中心线及左、右侧缝线的对位，否则会出现布料扭弯、不平服的效果。最终底边截止到设计好的底裙弧形下摆线位置，可反复调整以达到理想效果，如图5-3-51所示。

（3）在底裙下摆处留5 cm折边量，其余量修剪干净，如图5-3-52所示。

图5-3-51　　　　　　　　　　　图5-3-52

**（十四）假缝试穿**

（1）小心取下固定裙褶的大头针，取下一根用针线固定一个褶。当大头针全部取下后裙褶也随即假缝完毕，注意保持裙褶造型不变。

（2）将下摆止口折边扣至反面用针线假缝做净。

（3）将腰线以上大头针固定部位用针线缝合。预留后中心线臀围线以上部位待安装隐形拉链。

（4）找模特试穿，修正不理想的局部尺寸、造型，如图5-3-53、图5-3-54所示。

图5-3-53　　　　　　　　　　　图5-3-54

## （十五）搭配饰品

使用剩余面料制作几件饰品加以搭配，增加礼服的完整性，如图5-3-55所示。

图5-3-55

## （十六）构成效果

实际穿着效果，如图5-3-56、图5-3-57所示。

图5-3-56　　　　　　　　　　　　　图5-3-57

## 第四节　旗袍礼服立体裁剪

### 一、款式分析

传统旗袍款式为宽衣大袖，大襟右衽，立领，盘扣，下摆开衩。传统工艺十分讲究，在大襟、领、袖、下摆等部位均镶嵌几道花条彩牙，并以多镶为美，盛世时流行镶嵌十八道花边，被喻为"京城十八镶"，如图5-4-1所示。

"五四"运动后旗袍的国服地位得以确立，基本款式没有太大变化，只是在剪裁手段上借鉴了西方服饰适身、立体的结构特点，在保留传统工艺手法的同时装饰也有所简化。现代改良后的旗袍适身合体，简洁大方，尽显东方女性婀娜的身姿和温婉的气质，如图5-4-2所示。

现代改良旗袍款式特征为合体，大襟右衽，立领，盘扣，下摆左右开衩、无袖，如图5-4-3、图5-4-4所示。

图5-4-1

图5-4-2

图5-4-3

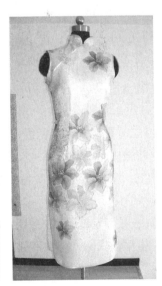

图5-4-4

### 二、材料准备

如图5-4-5所示，准备以下材料。

（1）胸垫：一副；

（2）标示线：两种颜色；

（3）定位笔：细头马克笔、气消笔等均可，备两色（一色常规另一色修正）；

（4）白坯布：熨平待用；

（5）面料整理：熨平待用；

（6）人台：做好人体标示线；

（7）其他工具：软尺、直尺、服装专用尺、熨台、熨斗、大头针、剪刀、针线等。

图 5-4-5

图 5-4-6

图 5-4-7

## 三、制作步骤

### （一）固定胸垫

取两片胸垫，以胸围线及前中线为参考，上下、左右调整至合理对称的位置后，用大头针沿边缘进程四点固定，下针时可垂直扎到底，平整的人台便于铺布。

### （二）重制人台标示线

将被胸垫遮挡住的人台标示线——胸围线、公主线分割，使用标示胶条重新制作在胸垫上，注意要与原始标示线保持重合，如图 5-4-6、图 5-4-7 所示。

### （三）确定旗袍款式标示线

依据款式图，将袖窿弧、门襟止口等款式造型线使用区别于人台标示线的另一颜色标示胶条确定在人台上，可依视觉审美进行局部微调设计，调试满意后用大头针垂直扎到底进行固定。

#### 1. 袖窿弧线标示

在人台左侧缝线上测定胸围线向上 2.5 cm 点，作人台袖窿弧的相似形，向前、后缓慢接合到袖窿前后符合点上，以上与人台袖窿弧线同形。袖窿弧线要平滑顺畅，形成类似上窄下宽的桃心形状，如图 5-4-8、图 5-4-9 所示。

由于人体具有左右对称性所以右袖窿弧线可省略。

## 2. 门襟止口标示

从前颈点（前中心线与颈围线的交点）至右侧缝线上胸围线上提 1 cm 两点间连接的弧线，可依视觉审美定位其造型，如图 5-4-10 所示。

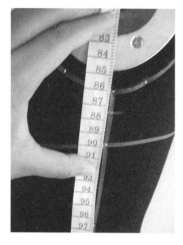

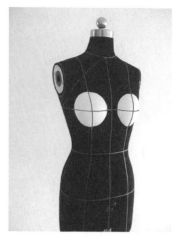

图 5-4-8　　　　　　　　图 5-4-9　　　　　　　　图 5-4-10

### （四）制作前右裙片

#### 1. 取料

在白坯布上撕取一块长方形布料，纵长为旗袍长（从颈肩点经胸高点垂直向下量至膝下 10 cm）上下各加 5 cm 的余量，横宽为前胸围宽（人台上胸围线经前中心线左右截止到侧缝线的水平宽度）加 4 cm 放松量后左右再各加 5 cm 的余量。将其校正纱向、熨烫平整，再用定位笔在上面确定胸围线及前中心线位置，如图 5-4-11 所示。

胸围线位置为从坯布上边缘向下量取乳高（颈肩点垂直向下至胸高点的长度）加 5 cm 余量，用直尺和定位笔画线确定；前中心线为经前胸围线1/2点，用直尺和定位笔垂直画线确定。

#### 2. 铺坯布

将上面准备好的坯布符合在人台上。

（1）首先调整坯布与人台的胸围线、前中心线水平、垂直对应后，在关键点上用大头针以倾斜 45° 半下针方式暂时固定。调整理想后方可进行下一步，如图 5-4-12 所示。

（2）铺平领窝线：沿前中心线上方开剪至人台前颈点，在剪口左半身颈根线外 1 cm

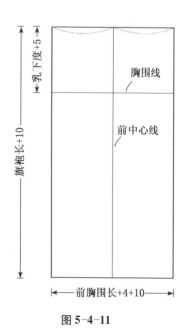

图 5-4-11

以外的地方横打剪口，边开剪边将坯布领口部位柔和铺平在人台上。在保持胸围线、前中心线位置不改变的情况下，把胸围线以上多余的量赶到侧缝线，如图5-4-13～图5-4-15所示。

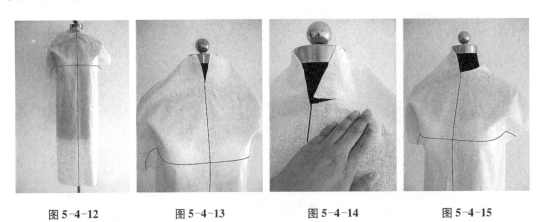

图5-4-12          图5-4-13          图5-4-14          图5-4-15

（3）铺平腰腹部：如图5-4-16所示，在人台腰围线位置收一腰省，省中线位置约在胸高点偏外1 cm的垂线上，上下省尖分别截止在胸围线以下、臀围线以上3～4 cm位置，整个省形近似菱形，进而在腰围线左外侧处打一浅剪口（不够逐渐加深，最深不可打入裙片侧缝以外1 cm位置），腰省与剪口配合柔和铺平腰腹部的坯布。调整理想后用定位笔在侧缝线上"十"字定位其与胸围线、腰围线、臀围线的交点，如图5-4-17所示。

 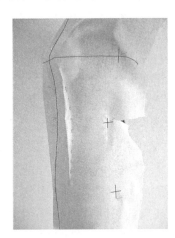

图5-4-16                    图5-4-17

（4）定位侧缝线：首先在胸围线、腰围线、臀围线分别水平向外量取2 cm、1.5 cm、1 cm的放松量，使用定位笔定位，如图5-4-18所示。接下来将新的定位点水平向内推进，对应在人台侧缝线与胸围线、腰围线、臀围线的交点上，使用大头针固定。此时坯布臀围线处的纬纱水平向后多固定一段，以提平下摆处的纱向。最后将融入的放松量均匀打入裙身内，并铺平侧缝，调整理想后将人台上的侧缝线透到坯布上，如图5-4-19所示。

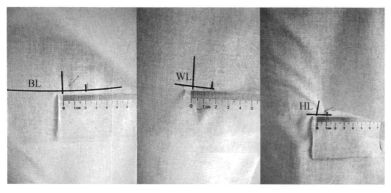

图 5-4-18                         图 5-4-19

（5）制作腋下省：将固定在胸围侧缝线处的大头针下移 3 cm 重新固定。提起侧缝处胸围线作为省中线，铺平胸围线以上的余量作为省量，省尖截止在距胸围最丰满处 3 ～ 4 cm 位置，省份倒向下方调整铺平。此时刚刚移动过的大头针以上的侧缝线形状位置发生了改变，但先前融入的胸围放松量不可发生改变。如图5-4-20所示，透过坯布将人台侧缝线重新透划在含有腋下省的坯布上。再顺势将人台上的左袖窿弧线、左小肩线、左领窝弧线使用定位笔以点划线透划在坯布上，辨别不清的地方可以掀起坯布确定位置。最后将胸腰省、腋下省定位也定位在坯布上。

（6）用同样的方法制作右半身，可运用测量的方法保持各局部的左右对称性。

唯一有区别的地方是与左领窝弧线衔接的是右门襟弧线，将人台上先前设计好的门襟止口弧线透划在坯布上即可，如图 5-4-21 所示。

（7）定位侧缝下摆：使用标示胶条沿侧缝线垂直向下确定侧缝下摆，水平确定裙长下摆止口线，交叉处到圆角衔接。调整理想后在侧缝臀围线以下 19 cm 处确定开衩位，如图 5-4-22 所示。

由于侧缝下摆左右对称，所以暂确定一边即可，待取下坯布后对称裁剪即可。

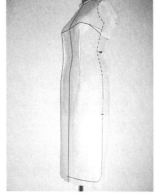

图 5-4-20              图 5-4-21              图 5-4-22

## 3. 定位取形

（1）人台左领窝弧净线外留 1 cm 缝份，多余量剪掉，如图 5-4-23 所示。

（2）人台左小肩、左侧缝袖窿至摆衩段留 2 cm 缝份，多余量剪掉，如图 5-4-24、图 5-4-25 所示。

（3）其余各边沿净轮廓线修剪整齐，待工艺制作时做滚边处理。右下摆衩位以下可在取下坯布沿前中心线对折后，对齐左右胸围线后再依左边对称修剪，如图 5-4-26 所示。

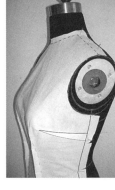

| 图 5-4-23 | 图 5-4-24 | 图 5-4-25 |

图 5-4-26

### （五）制作右里襟及贴边

#### 1. 取形

右里襟与贴边直接连接成一个整片，由于衣身具有左右对称性所以可直接使用标示胶条在左衣身上取形，如图 5-4-27 所示。

从上到下先后经过前颈点、前中心线 10 cm、省尖点及开衩点等，省尖点以上用弧线连接，省尖点以下保持 8 cm 平行宽度。

#### 2. 裁剪

取下裁片后，将腋下省、腰省展开铺平，此时里襟贴边形状内只含有一个腋下省，如图 5-4-28 所示。在此介绍三种解决方法：

（1）将省不变照旧作缉合处理；

（2）合并省将省量转移至前中心；

（3）作断缝处理，在两条省边线外加 2 cm 缝份，缉合后烫分缝。

第一种解决方法贴边纱向无变形，但省缝份厚影响工艺制作及外观平服；第二种解决方法无缝份方便工艺制作，外观平服，但贴边纱向变形大，斜纱保形性差；第三种解决方法分缝厚度介于以上两种方法之间，同时，贴边纱向无变形。

对比之下，我们采用第三种解决方案。分裁时对准上下两层纱向，平铺并用大头针固定几个关键点后画线，另外将胸围线、腰围线定位在裁处上以便复核定位，检验无误后即可裁剪。缝份中心里侧依净线裁剪不留缝份，接缝处留 2 cm 缝份，其余各边缝份处理同左衣片，如图 5-4-29 所示。

接合里襟及其贴边，缝份分倒在反面，复位对应点铺在人台右身上。

修剪好右摆衩后，如图 5-4-30 所示，对称修正、加深左衣身 4 省，在背面假缝别合好省后，将左裙片对应关键点复位在人台上，如图 5-4-31 所示。

 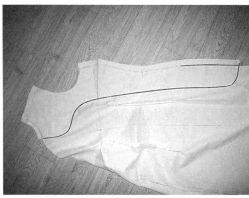 

图 5-4-27　　　　　　　图 5-4-28　　　　　　　图 5-4-29

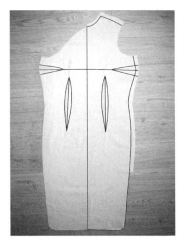 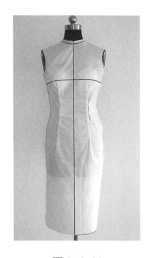

图 5-4-30　　　　　　　图 5-4-31

**（六）制作后裙片**

**1．取料**

在白坯布上撕取一块长方形布料，纵长为旗袍长（同前身）上下各加 5 cm 的余量，横宽为后胸围宽（人台上胸围线经前中心线左右截止到侧缝线的水平宽度）加 4 cm 放松量后左右再各加 5 cm 的余量。将其校正纱向、熨烫平整，再用定位笔在上面确定胸围线及后中心线的位置。

胸围线位置为从坯布上边缘向下量取后胸围深（颈肩点垂直向下经肩胛骨至胸围线的长度）加 5 cm 余量，用直尺和定位笔沿一跟水平纬纱确定；后中心线为经后胸围线 1/2 点，用直尺和定位笔沿一跟垂直经纱确定；在胸围线上左右各截去 5 cm 余量作为确定胸围线与侧缝线交点的辅助点，如图 5-4-32 所示。

### 2. 铺坯布

将上面准备好的坯布符合在人台上。

（1）首先定位好上下两层后中心线与胸围线交点，在关键点上用两根大头针以倾斜 45°角半下针方式固定；然

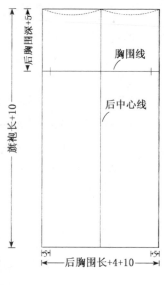

图 5-4-32

后将后中心线垂直向上延伸至后颈点、向下延伸至腰节线、臀围线，施针固定关键点；最后将胸围线与侧缝线的交点辅助点向内平移 2 cm 左右，在保证后肩胛骨凸起部位平整和上下两层胸围线水平对齐的前提下，找到最终的新交点施针固定。调整理想后方可进行下一步，如图 5-4-33 所示。

（2）在腰部一边掐起一定的省量一边铺平腰节处的侧缝线，调整平整后使用大头针固定省量及侧腰点（腰围线与侧缝线的交点），如图 5-4-34 所示。

图 5-4-33

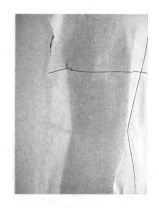

图 5-4-34

（3）在臀部最丰满处掐起 1 cm 的放松量后水平推平坯布以找到侧臀点（臀围线与侧缝线的交点）并施针固定。

（4）顺腰省位置逐渐分别向上、下垂直掐出所有余量并使用大头针暂时固定，最后在胸围线、腰围线、臀围线上分别放出 0.5 cm（左右加一起为 1 cm）的省量，进而调整其余部分也均匀放出 0.5 cm 的省量，作为放松量保留在裁片上，此时上下省尖位置也相应内缩。要求松量加放自然柔和，整个省形近似菱形，如图 5-4-35 所示。

（5）铺平后领窝弧线：如前领窝弧线铺平方法，一边修剪多余坯布一边铺平后领窝弧线，在难以铺平的急弧部位垂直于领弧打剪口，注意不可打入领弧净线以内。铺平后将多余量赶至后小肩部位以备制作肩背省，如图5-4-36所示。

（6）制作肩背省：将肩部余量收至小肩斜线中点作为肩背省量收净，省尖指向肩胛骨凸点，在使用大头针进行固定时要稍放开0.1 cm的放松量在裁片上，省中线扣倒向袖窿弧方向，省形近似于等腰三角形，如图5-4-37所示。

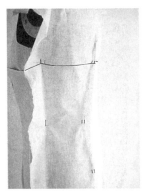 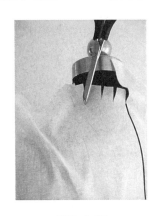 

图5-4-35　　　　　图5-4-36　　　　　图5-4-37

## 3. 定位

（1）使用定位笔将人台上的后领弧线、小肩斜线、袖窿弧线及侧缝线透画在坯布上，辨别不清的地方可以掀起坯布确定位置。

（2）将侧腰点、侧臀点、后腰省及肩背省分别定位在坯布上。

（3）使用标示胶条沿侧缝线垂直向下确定侧缝下摆，水平确定裙长下摆止口线，交叉处用圆角衔接。调整理想后在侧臀点以下19 cm处确定开衩位。

由于侧缝下摆左右对称，所以暂确定一边即可，待取下坯布后对称裁剪即可。

## 4. 修形

（1）将坯布从人台上取下，画实左后身标示线迹，如图5-4-38所示。然后沿后中心线对折坯布并校齐上下两层胸围线后使用大头针固定后，即可将左后身的标示线透画至右后半身，如图5-4-39。注意侧腰点、侧臀点也不可遗漏，它们是人台复位时的关键对照点。展平裁片后还需要左右测量、对照以确保对称性，进而修剪缝份。

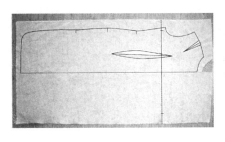 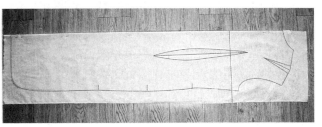

图5-4-38　　　　　　　　　图5-4-39

（2）摆衩及袖窿弧沿净轮廓裁剪以待滚边工艺处理，领窝弧线留 1 cm 缝份，小肩斜线及侧缝线留 2 cm 缝份以备微调，如图 5-4-40、图 5-4-41 所示。

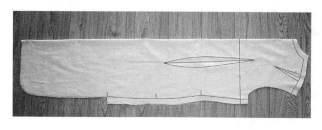 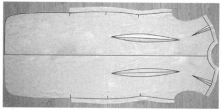

图 5-4-40　　　　　　　　　　　　　　图 5-4-41

### 5. 复位裙片

将省份在反面假缝固定后，将后对照线、点复位在人台上。

### 6. 假缝裙片

将后裙片左右侧缝线、左右小肩斜线缝份分别扣净，依次与前裙片同名净线假缝别合在一起，同时注意前后片之间同名点的对应关系，如图 5-4-42、图 5-4-43 所示。

前大襟外边缘、里襟内边缘、裙侧摆开衩及底摆均为净份，工艺制作时做包边处理。假缝后的旗袍可从前门襟处打开，将旗袍从人台上整件取下，如图 5-4-44 所示。

  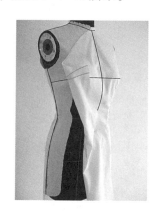

图 5-4-42　　　　　　　　图 5-4-43　　　　　　　　图 5-4-44

### （七）制作立领

#### 1. 取料

在白坯布上撕取一块长方形布料，纵长为立领宽（4 cm）上下共加 10 cm 的余量，横宽为后颈根围（人台颈根线围量一周的长度）左右各加 5 cm 的余量。将其校正纱向、熨烫平整，再用定位笔在上面确定后领中线及后颈点的位置。

后领中线位置为坯布横宽的 1/2 点垂直划线，后颈点线为从后领中线下端向上截取 2 cm缝份的节点，如图 5-4-45 所示。

#### 2. 铺布

（1）对应后领中线：如图 5-4-46 所示，将坯布上的后颈点、后领中线对应在人上，

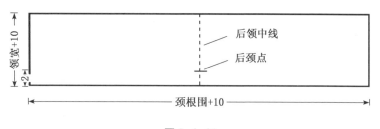

图 5-4-45

领中线处下口 2 cm 缝份扣至反面，施针固定。由于衣领具有左右对称性，所以先做好一边后对称影射至另一边即可。

（2）依次向颈肩点、前颈点方向铺平领坯布，找出颈根线。由于人体颈部呈前倾状（前倾角度约男子约为 17°，女子约为 19°），所以要使立领较适体的围绕在颈部周围，领下口（即颈根线）必然呈前高后低状，即缝份从后到前，逐渐增大。具体手法是：在后领中线保持直纱不变的前提下，一只手将领片柔和围绕在颈部表面，另一只手将逐渐增大的颈根缝份捻至反面，注意领片与颈部要稍留空隙，避免包裹太紧影响穿着舒适性。最后调整出合身的领面形状及利落的颈根弧线，如图 5-4-47 所示。

（3）使用标示胶条平行向上找出 4 cm 的领宽，注意：①后中心起点处与后领中线垂直；②终点截止在前颈点上；③前领上口导成弧形圆角。如图 5-4-48、图 5-4-49 所示。

图 5-4-46

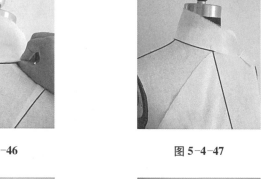

图 5-4-47

图 5-4-48

图 5-4-49

（4）定位取形：使用定位笔将颈根线描划在领片上，将坯布从人台上取下后加深标示线。沿后领中线对折并对齐纬纱，用大头针固定关键点后，将标示印轻拍至另一面。修剪时仅在颈根净线外留 1 cm 缝份，上领止口弧线沿净线裁剪以待工艺制作时做滚边处理。如图 5-4-50 所示。

（5）将立领复合在人台上检验外观效果，如图 5-4-51、图 5-4-52 所示。

（6）整体调整满意后将确定的版形对准纱向裁剪面料，进行工艺制作。

| 图 5-4-50 | 图 5-4-51 | 图 5-4-52 |

### （八）构成效果

正面效果，如图 5-4-53 所示。侧面效果，如图 5-4-54 所示。背面效果，如图 5-4-55 所示。

| 图 5-4-53 | 图 5-4-54 | 图 5-4-55 |

实际着装效果，如图 5-4-56、图 5-4-57 所示。

图 5-4-56　　　　　　　　　　图 5-4-57

第六章

# 晚礼服立体裁剪

# 第一节　斜裁型晚礼服的立体裁剪

## 一、款式分析

　　款式造型（图6-1-1）全身以斜裁布条顺次排列，上下连体，中间无分割，胸部以上为镂空图案装饰，胸部以下，将斜裁布条逐一缝制在底布上，形成波浪效果，走动时具韵律感。以形成流动的波浪为主要装饰手段，穿着走动时布条装饰随着身体的运动而形成动感的波浪感，造型独特、引人注目，满足晚宴的惊艳效果。整体造型为连体结构，修身塑胸、收腰，斜裁布条随身体凹凸旋转排列，具有水波流动的感觉，胸部以上饰以

图 6-1-1

镂空透明纱，半遮半露，整体呈大气而性感、动感而韵味十足的晚礼服风格，适合大方、时尚的个性女子参加晚宴时穿着。

## 二、材料准备

　　需要准备材料主要有：白坯布 6 m，大头针、标示线若干，牛皮纸 1 张，铅笔 1 支，剪刀 1 把，尺子 1 把，针线，熨斗。如图 6-1-2 所示。

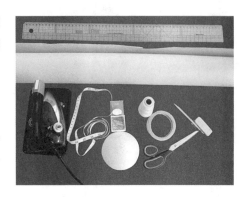

图 6-1-2

### 三、制作步骤

#### 1. 做款式标示线

根据礼服上身款式造型在人台上贴标示线，正面造型线，如图6-1-3所示；背面造型线，如图6-1-4所示；侧面造型线，如图6-1-5所示。

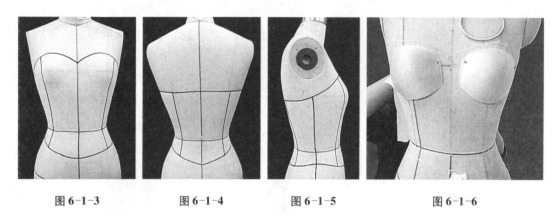

图6-1-3          图6-1-4          图6-1-5          图6-1-6

#### 2. 补正胸部

西式晚礼服一般需要加大胸围，增加胸腰差，突出胸腰曲线美。首先，放置胸垫在人台胸部并用大头针来固定，如图6-1-6所示。

#### 3. 上衣打底

补正好胸部以后，根据贴条来制作上身紧身衣，分割线根据款式标示线分割线分割并缝合，后中缝注意留开口以方便穿脱。正面造型，如图6-1-7所示；背面造型，如图6-1-8所示；侧面造型，如图6-1-9所示。

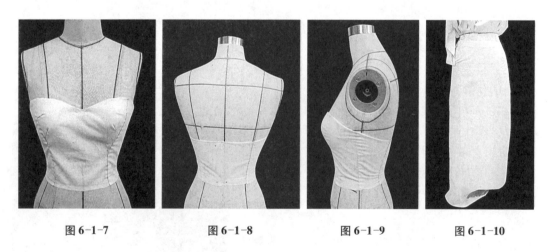

图6-1-7          图6-1-8          图6-1-9          图6-1-10

#### 4. 裙子打底

上衣打底做好以后，根据造型做长款半窄裙为基础裙，腰部收腰省，下摆稍外放满足走路所需的基本活动量，如图6-1-10所示。

### 5. 斜裁装饰布条

将白坯布整烫平整，如图 6-1-11 所示，斜裁成一条条后，整理好备用。

### 6. 固定上半身正面装饰布条

用大头针将斜裁布条固定于抹胸上沿，并将布条斜向顺序叠放，用大头针逐条固定，并在人台上斜向旋转至下摆为止。固定时注意处理胸凸和腰凹：胸部布条间距稍大，重叠少一些；腰部布条间距稍小，重叠多一些。如图 6-1-13、图 6-1-14、图 6-1-15、图 6-1-16 所示。

图 6-1-11　　　　　图 6-1-12　　　　　图 6-1-13　　　　　图 6-1-14

图 6-1-15　　　　　　　　　图 6-1-16

### 7. 固定腰部斜裁布条

由于腰部围度小，故而腰部布条间距小，重叠量较多，需要逐条整理，边整理边用大头针和手针固定，整理好后，距离人台适当距离观察外观效果是否美观，如有不妥再进行调整，尽量使整个腰围布条间距均匀为好。如图 6-1-17、图 6-1-18 所示。

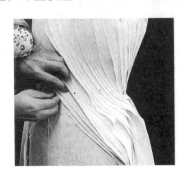

图 6-1-17　　　　　　　　　图 6-1-18

### 8. 腰部装饰条固定完成

　　整个腰围布条间距整理均匀后用大头针加以固定，腰部装饰条固定完成，如图6-1-19所示。接下来开始整理臀部的斜裁布条装饰，如图6-1-20所示。

图6-1-19　　　　　　　　图6-1-20　　　　　　　　图6-1-21

### 9. 整理固定下半身前面斜裁布条

　　由于整身皆装饰斜裁布条，布条较多，因此需要先把布条分组用大头针临时固定，再观察固定位置是否得当，如有不合适再进行微调。固定时注意处理腰凹和臀凸：腰部布条间距稍小，重叠多一些；臀部布条间距稍大，重叠少一些。首先，固定下半身前面斜裁布条，如图6-1-21、图6-1-22所示。

### 10. 整理固定下半身侧面斜裁布条

　　人台侧面起伏较大，需要逐条整理用大头针固定，整理一条，固定一条，侧面全部固定完成，如图6-1-23、图6-1-24所示。

图6-1-22　　　　　　　　图6-1-23　　　　　　　　图6-1-24

### 11. 整理固定下半身背面斜裁布条

人台背面臀部突出，呈斜向平面，可将斜裁装饰布条分组用大头针固定，整理一组，固定一组，将背面面全部固定好，如图 6-1-25、图 6-1-26 所示。

图 6-1-25　　　　　　　　　　图 6-1-26

### 12. 设计礼服开口

做后背开口设计，为了不影响礼服的外观效果，在礼服背部位沿装饰布条斜向走向做开口。将底布沿布条斜向剪开，腰围向上全部剪开，腰围向下剪开至 30 厘米处，以方便穿脱。右侧布条放下即可掩盖开口，保证礼服整体的美观性。将开口熨烫平整后，用大头针固定在人台上，如图 6-1-27、图 6-1-28 所示。

### 13. 做后背开口包边

因为这款晚礼服设计的特殊性，后背斜向开口是衣身直接剪开的，因此开口处无法留缝份，需要把开口做包边处理，如图 6-1-29 所示。熨烫包边条并用手针将开口包边缝上，包好边后用大头针将开口别住，如图 6-1-30 所示。

图 6-1-27　　　　　图 6-1-28　　　　　图 6-1-29　　　　　图 6-1-30

### 14. 做前片上部

本款晚礼服前片上部设计有透明装饰纱，在这里用白坯布代替，在人台上做好造型，如图 6-1-31 所示。造型做好后在上面用剪刀剪出镂空图案，以增加装饰性，如图 6-1-32 所示。

图 6-1-31                              图 6-1-32

### 15. 做后片上身细肩带

本款晚礼服后片上部设计有 6 条细肩带，首先将白坯布裁成，并将边缘拉成毛边，然后将毛边布搓成细绳，如图 6-1-33 所示。然后将细绳一端连接前片肩部，一端连接后片背部，背面效果，如图 6-1-34 所示；侧面效果，如图 6-1-35 所示。

图 6-1-33                    图 6-1-34                    图 6-1-35

### 16. 完成礼服

斜裁型晚礼服上下造型均已完成，为了便于保存、展示，可将礼服作品用手针缝合固定，亦可将裁片展开后用面料裁剪缝制成成衣礼服。礼服完成造型：正面，如图 6-1-36 所示；背面，如图 6-1-37 所示；左侧面，如图 6-1-38 所示；右侧面，如图 6-1-39 所示。

图 6-1-36　　　　图 6-1-37　　　　图 6-1-38　　　　图 6-1-39

## 第二节　单肩型晚礼服的立体裁剪

### 一、款式分析

　　款式造型如图 6-2-1 所示，单肩晚礼服为不对称结构，上身以竖向紧密排列褶裥为装饰；腰部饰以交叉褶裥，裙子为鱼尾裙型，臀围以下斜向分割，和不对称单肩结构遥相呼应；裙身有多层立体花卉装饰，整体裙型为斜向分割的鱼尾造型。整体呈现优雅而别出心裁的风格，适合知性、含蓄、优雅的女性参加晚宴时穿着，有一种低调奢华的味道。

图 6-2-1

### 二、材料准备

　　需要准备材料主要有：白坯布 5 m，大头针、标示线若干，牛皮纸 1 张，铅笔 1 支，剪刀 1 把，尺子 1 把，针线，熨斗。如图 6-2-2 所示。

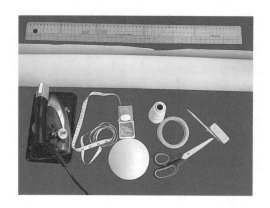

图 6-2-2

## 三、制作步骤

### 1. 贴条

根据礼服上身款式造型，在人台上贴标示线，正面造型线，如图 6-2-3 所示；背面造型线，如图 6-2-4 所示；侧面造型线，如图 6-2-5、6-2-6 所示。

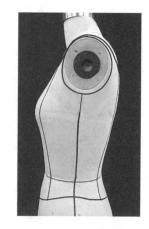

图 6-2-3　　　　　图 6-2-4　　　　　图 6-2-5　　　　　图 6-2-6

### 2. 补正胸部

西式晚礼服一般需要加大胸围，增加胸腰差，突出胸腰曲线美，首先，放置胸垫在人台胸部并用大头针来固定，如图 6-2-7 所示。

### 3. 上衣打底

补正好胸部以后，根据贴条来制作上身紧身衣，分割线根据贴条分割线分割并缝合，后中缝注意留开口以方便穿脱。正面造型，如图 6-2-8 所示；背面造型，如图 6-2-9

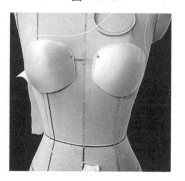

图 6-2-7

所示；侧面造型，如图 6-2-10 所示。

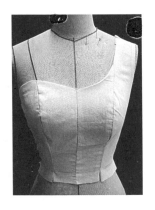
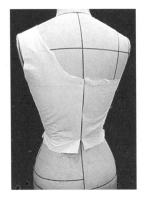
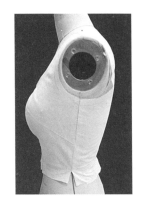

图 6-2-8　　　　　　　图 6-2-9　　　　　　　图 6-2-10

### 4. 裙子打底

上衣打底做好以后，根据造型做鱼尾裙为基础裙，腰部收腰省，裙身做斜向分割，贴裙子斜向分割线，并留足缝份后修剪整齐。如图 6-2-11、图 6-2-12 所示。

### 5. 做裙身鱼尾造型

下摆为鱼尾裙型，下摆需要斜裁布料，以自然褶来做鱼尾造型，由于褶裥量较大，可以用两片布料在侧缝处缝合，做好鱼尾造型后，升高人台，将裙下摆修整水平，鱼尾造型即完成。

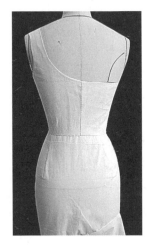

图 6-2-11　　　　　　　图 6-2-12

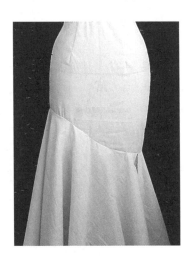

图 6-2-13　　　　　　　图 6-2-14　　　　　　　图 6-2-15

### 6. 制作胸部褶裥装饰

先将白坯布整烫后折叠成褶裥，如图 6-2-16 所示。褶裥折叠好后熨烫褶裥，如图 6-2-17 所示。

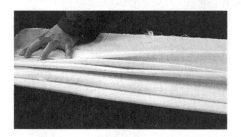
图 6-2-16

图 6-2-17

### 7. 将褶裥固定在胸部位置

将烫好的褶裥用大头针沿上沿固定在胸部，并调整褶裥位置，观看效果。如图 6-2-18、图 6-2-19 所示。

图 6-2-18

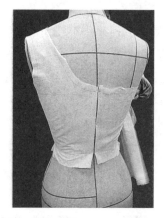
图 6-2-19

### 8. 整理胸部褶裥并缝合完成

根据胸部突出特点，适当调整褶裥大小和间距，胸部上沿褶裥毛边折进去并缝合固定，完成后固定腰部交叉褶裥，上身褶裥造型完成。如图 6-2-20 ～图 6-2-23 所示。

图 6-2-20

图 6-2-21

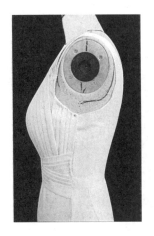

图 6-2-22　　　　　　　　　　图 6-2-23

### 9. 准备毛边布做花卉造型

将白坯布撕成细布条，将细布条两边纱线拉出，形成两边毛边造型，并用整烫平整备用。如图 6-2-24 所示。

图 6-2-24

### 10. 做立体花卉图案装饰

将毛边布按照花卉图案走向缝在裙子上，缝时需将礼服从人台上取下以方便缝制，如图 6-2-25、图 6-2-26 所示。缝好后将礼服穿在人台上观看效果，如图 6-2-27 所示。

图 6-2-25　　　　　　　图 6-2-26　　　　　　　图 6-2-27

### 11. 做花瓣

将白坯布剪成花瓣形状，并多层重叠组成花形，制作多朵备用，如图6-2-28所示。

图6-2-28

图6-2-29

### 12. 缝制花朵

将花朵按照设计进行排列，可根据效果进行调整至最佳效果，并用手针缝在裙子上，缝时需将礼服从人台上取下以方便缝制，如图6-2-29所示。缝好后将礼服穿在人台上观看效果。正面效果，如图6-2-30所示；背面效果，如图6-2-31、图6-2-32所示；侧面效果如图6-2-33所示。

图6-2-30

图6-2-31

图6-2-32

图6-2-33

图6-2-34

图6-2-35

### 13. 调整花卉装饰

花卉缝好后将礼服穿在人台上观看效果，如有不妥，进行细部微调，直至满意为止，调整完成后正面效果，如图 6-2-34 所示；背面效果，如图 6-2-35 所示；侧面效果，如图 6-2-36 所示。

图 6-2-36    图 6-2-37    图 6-2-38    图 6-2-39

### 14. 完成礼服

单肩晚礼服上下造型均已完成，为了便于保存、展示，可将礼服作品用手针缝合固定，亦可将裁片展开后用面料裁剪缝制成成衣礼服。礼服完成造型：正面，如图 6-2-37 所示；背面，如图 6-2-38 所示；侧面如图 6-2-39 所示。

## 第三节　抹胸型短款晚礼服的立体裁剪

### 一、款式分析

款式造型如图 6-3-1 所示，全身以褶裥为主要装饰手段，上身为修身塑胸，胸部以横向不规则褶皱来处理胸部凸量，既满足了结构需要又具有装饰性；下身为斜向排列荷叶边组成的花球造型，具有一定韵律感，斜向排列紧凑又具动感；腰部斜向分割，装饰花朵，晚礼服整体造型呈甜

图 6-3-1

美、活泼的风格特征，适合年轻可爱型女性参加晚宴时穿着。

## 二、材料准备

需要准备材料主要有：白坯布 4 m，大头针、标示线若干，牛皮纸 1 张，铅笔 1 支，剪刀 1 把，尺子 1 把，针线，熨斗。如图 6-3-2 所示。

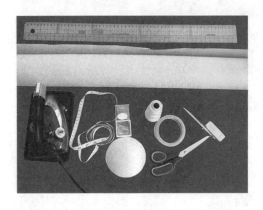

图 6-3-2

## 三、制作步骤

### 1. 贴条

根据礼服上身款式造型在人台上贴标示线，正面造型线如图 6-3-3 所示、背面造型线如图 6-3-4 所示、侧面造型线如图 6-3-5 所示。

### 2. 补正胸部

西式晚礼服一般需要加大胸围，增加胸腰差，突出胸腰曲线美，首先，放置胸垫在人台胸部并用大头针来固定，如图 6-3-6 所示。

   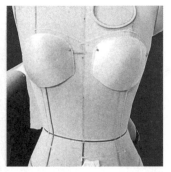

图 6-3-3          图 6-3-4          图 6-3-5          图 6-3-6

### 3. 上衣打底

补正好胸部以后，根据贴条来制作上身紧身衣，分割线根据贴条分割线分割并缝合，后中缝注意留开口以方便穿脱。正面造型，如图 6-3-7 所示；背面造型，如图 6-3-8 所示；侧面造型如图6-3-9所示。

### 4. 裙子打底

上衣打底做好以后，根据造型做短款筒裙为基础裙，上面用标示带设计斜向造型线和间距，如图6-3-10所示。

图6-3-7 　　　　　图6-3-8 　　　　　图6-3-9 　　　　　图6-3-10

### 5. 裁剪荷叶边

以螺旋型裁剪方式裁剪荷叶边。如图6-3-11所示。

### 6. 做裙子褶裥

将裁剪好的荷叶边沿着裙子上的斜向标示线，逐条逐个捏褶，并用单针直插法固定，如图6-3-12 、图6-3-13所示。

图6-3-11 　　　　　　图6-3-12 　　　　　　图6-3-13

### 7. 排列褶裥

沿着裙身上的标示线做第二层褶裥，逐条逐个捏褶，并用单针直插法固定，后面每层褶裥依次类推，直至裙身做满褶裥。如图6-3-14 、图6-3-15所示。

### 8. 做裙部花球

调整裙身褶裥，使褶裥顺向排列，整体呈花球造型，如图6-3-16所示。

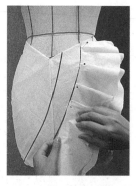 

图 6-3-14                    图 6-3-15

图 6-3-16            图 6-3-17            图 6-3-18

### 9. 做腰部花朵

采用抽褶的方法，多层排列，中间用白坯布卷成花心造型，用手针缝合到一起，即成花朵，将花朵缝在礼服侧面腰部作为装饰，增加礼服的装饰效果，如图 6-3-17 所示。

### 10. 做胸部褶裥

取长方形白坯布，从布的中间部位开始用手针平缝后，将缝线拉紧抽褶，如图 6-3-18 所示。

### 11. 上胸部褶裥

将抽好的褶裥整理后，中间对准人台前中线部位，将褶裥放至礼服胸部凸起部位，整理好造型，将抽褶处对准前中线并固定在上衣底布上。如图 6-3-19、图 6-3-20 所示。

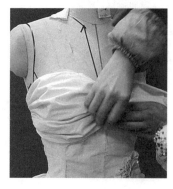 

图 6-3-19                    图 6-3-20

### 12. 整理胸部褶裥

将褶裥整理美观后，两侧固定至侧缝处，用剪刀将侧缝多余布料清剪掉，将褶裥排列整齐后，用大头针固定在侧缝处，胸部褶裥即完成。如图 6-3-21、图 6-3-22 所示。

图 6-3-21                              图 6-3-22

### 13. 上抹胸花边

去长方形布条，平缝抽褶后，固定在抹胸最上沿弧线处，整理好造型，用大头针固定。如图 6-3-23、图 6-3-24 所示。

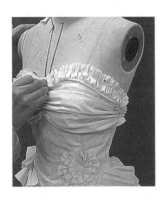

图 6-3-23                              图 6-3-24

### 14. 做后背开口设计

在礼服后中部位做开口以方便穿脱，上衣后中缝全部开口，裙位自腰部向下 23 cm 处，将开口处留 1.5 cm 缝头并将止口熨烫平整后，用大头针固定在人台上，如图 6-3-25 所示。

### 15. 完成礼服

抹胸短款晚礼服上下造型均已完成，为了便于保存、展示，可将礼服作品用手针缝合固定，亦可将裁片展开后用面料裁剪缝制成成衣礼服。礼服完成造型：正面，如图 6-3-26 所示；背面，

图 6-3-25

如图 6-3-27 所示；侧面，如图 6-3-28 所示；四分之三侧面，如图 6-3-29 所示。

图 6-3-26

图 6-3-27

图 6-3-28

图 6-3-29

第七章

# 婚礼服立体裁剪

婚礼服是新郎新娘举行婚礼时穿着的服装。现代婚礼服风格多样，有的选择具有传统民族风格的衫、袄、旗袍等，有的选择西式婚礼服，也有的中西合璧。新娘婚礼服的廓型设计多以 X 型和 A 型为主，即上身合体，下身利用裙撑及支撑物夸张裙摆，加大裙子的体积感、重量感及层次感。裙装面料多采用缎子、棱纹绸等面料，传统的婚纱一般为白色，象征新人圣洁，而今也日渐流行大红、天蓝、淡黄、亮银等色系的婚礼服。制作婚纱礼服的面料主要有缎布、厚缎、亮缎、蕾丝、水晶纱、欧根纱、网格纱等，同种面料又有进口及国产之别，材料的不同也决定了婚纱的不同效果。运用多样化的艺术表现手法和多元化的时装流行元素设计婚礼服，能更好展现新娘的优雅与高贵。

# 第一节 圆台型婚礼服立体造型

## 一、款式分析

本款婚礼服为圆台型，裙摆加入了裙撑，整体造型以推抓褶裥肌理的设计为主，臀围线以上为合身收腰向上的推褶裥手法设计，从臀围线向下开始呈喇叭状放射开，裙摆前侧通过抓褶手法达到设计目的，最终得到弧线状褶裥的外观效果，臀围线分割线处采用仿生设计花朵点缀，以本料制作的立体花朵做装饰，来作为整套婚纱点睛之笔，款式如图 7-1-1 所示。

**学习要点**：掌握褶裥、推褶设计方法及制作手法；学习装饰花卉的设计与制作方法；熟悉婚纱后摆拖尾的制作技巧；了解廓型变化要素与表现技巧。

## 二、材料准备

### 1. 坯布

前中布长 52 cm、宽 25 cm 布料一块；前侧片布长为 52 cm，宽为 16 cm 布料两块；后中片布长 44 cm、宽为 60 cm 布料一块，前片推褶料长为 80 cm，宽为 60 cm 布料一块；后片推褶料长为 66 cm，宽为 52 cm 布料一块；衬裙网眼纱衬料长 100 cm，宽为 185 cm 布料一块；裙表布长为 155 cm，宽为 320 cm 布料两块，花朵布料若干，标记好基准线。如图 7-1-2 所示。

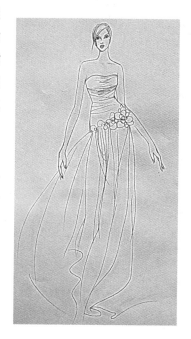

图 7-1-1

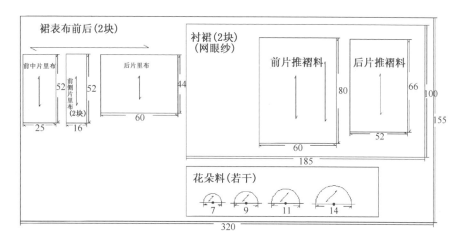

图 7-1-2

## 2. 面辅料

　　面料为 150 cm 幅宽的白缎，用料 650 cm；辅料为 150 cm 幅宽的白色里布，用料 250 cm；150 cm 幅宽的网眼硬纱，用料 120 cm；两层钢圈裙撑一个、胸垫两个，面料小样。如图 7-1-3 所示。

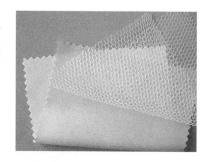

图 7-1-3

## 三、制作步骤

### （一）人台补正

### 1. 加胸垫

　　为了更好地体现出胸部造型，突出胸部的丰满，按照款式造型图在人台上加入胸垫，采用半成品的胸垫或用蓬松棉及棉花来制作的胸垫，以增加新娘胸部的美观造型，如图 7-1-4 所示。

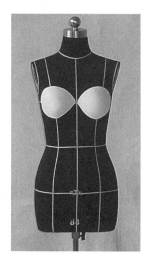

图 7-1-4

图 7-1-5

### 2. 加裙撑

本款使用圆台式裙撑，两股钢圈，裙撑的长度为 120 cm，补正好人台后，重新标记好被覆盖的基准线，加裙撑后效果，如图 7-1-5 所示。

### （二）前后身底层造型

### 1. 标记前身设计线

在人台上加入胸垫，按照款式标记好设计线，抹胸无肩带，臀围线上面设计一条分割线，与人台臀围线平行，如图 7-1-6 所示。

### 2. 标记后身设计线

顺延前身设计线至后背，后腰背部呈"一"字造型，臀围线处的分割线要与前片臀围处的分割线过渡圆顺，如图 7-1-7 所示。

### 3. 披前身布料

将粗裁好的前中布料上的前中线与胸围线分别对合人台上的前中线及胸围线，用单针固定，前中线上端、下端向内缩 3 cm 处，斜向插针；面料前胸围线对准人台前胸围线，在公主线与胸围线相交处，顺胸围线各向外 0.5 cm 处，单针固定，斜向插针，如图 7-1-8 所示。

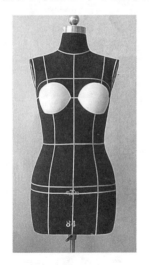  

图 7-1-6            图 7-1-7            图 7-1-8

**小贴示：**

① 一般在立体裁剪的过程中，为了更好节约面料，可对样片先进行粗裁，多预留出缝份，待样片完成之后，在平面上修整时，将多余的缝份修剪成 1 cm。

② 插针的方向：单针固定面料要快捷，在这里要注意的是，要与布料滑动的方向相反，这样才不至于使布料的位置有所变化。双针固定面料效果要比单针固定要好，面料牢稳，不易滑动。

### 4. 披前侧片布料

前侧片上线对准人台的胸围线，在人台侧片的胸围线中点处用双针固定，捏出 1 ～ 1.5 cm 松量，一手垂直向下抚平，在侧片腰围线中点处捏出 0.7 ～ 1 cm 左右松量，把前中片及前侧片分割线处留有 1.5 cm 缝份，清剪多余面料，分别对合前中片及前侧片，形成由胸省及腰省组合成的公主线省缝，如图 7-1-8 所示。

### 5. 标记轮廓线

在样片上沿造型线进行点影，标记前身片、前侧片净缝线，转折处用"+"字符号来进行标记，预留出缝份，剪掉余料，画点描线，标记出轮廓线位置，如图 7-1-9、图 7-1-10 所示。

### 6. 披后身布

连裁法：将后身的布料披于人台上，面料上的经纱线与人台后中线平行，单针固定，斜向插针，在面料后中线上下各进 3 cm 处。面料上的纬纱线与人台胸围线平行，在

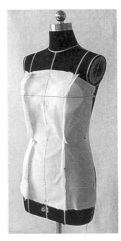

图 7-1-9　　　　　　　图 7-1-10

后片公主线处，纵向各捏出 5 cm 缝份量，在后侧片胸围线处预留出 3 cm 左右松量、腰围线处预留出 1.5 cm 左右松量、臀围线处预留出 3 cm 左右松量，双针固定。后中线与胸围线处、腰围线处、臀围线交点处分别用双针固定，如图 7-1-11 所示；一手抓住后片下端，另外一只手剪开两条公主线缝份的中线，要保持布料纱向与松量的平衡，垂直于公主线胸围线、腰围线、臀围线的缝份处，双针固定、打剪口，使整个后片平服，预留出缝份，剪开缝份，剪掉余料，如图 7-1-12、图 7-1-13 所示。

图 7-1-11　　　　　　　图 7-1-12　　　　　　　图 7-1-13

小贴示：在进行剪裁前后片面料时，预留出的松量，要根据款式、面料的不同进行变动，使之达到设计者的要求为止。

### 7. 衣身效果

将样衣展开成平面，使得曲线部位要圆顺，直线部位要顺直，连接弧线与直线，确定轮廓线，最终确定样板结构。然后假缝试穿，观察整体效果，再进行必要的调整，合适后再清剪缝份留出 1 cm，把多余的缝份清剪，缝合后穿于人台上。如图 7-1-14、图 7-1-15 所示。

图 7-1-14                          图 7-1-15

**小贴示**：由于本款面料有一定的弹性，所以在造型时要略紧身。

### （三）前后身外层造型

### 1. 前片向上推褶

先将面料在前中心处 45°斜丝向放置，披于人台前片，抹胸领口与前中线处，双针固定，与两侧侧缝处单针固定，斜向插针，自上而下做出细小皱褶，通过皱褶对胸部进行塑形，一边做，一边在侧缝位置将褶量用珠针固定，褶的大小适中，褶的方向上下均可，褶的方向将沿人体抚平，如图 7-1-16 所示。用黏合胶带贴出侧缝线。预留缝份，两侧侧缝线，用黏合胶带将皱褶固定，剪掉余料，如图 7-1-17 所示。

图 7-1-16                          图 7-1-17

小贴示：

① 在处理胸部皱褶时，由于胸部的造型隆起突出，在进行皱褶时，每个褶的褶裥量略比腰部褶量大。

② 在进行将做好的褶裥片取下时，可用黏合胶带将带有褶裥片的净缝轮廓进行粘贴，这样在进行拿取时就不会变形、散落，同时也可以对净缝线进行标示。

③ 在进行推褶时，褶量要有大有小，可向上褶也可向下褶，也可同方向，美观即可。

### 2. 后片向上推褶

先将面料在后中心处45°斜丝向放置，披于人台后片，抹胸领口与后中线处，双针固定，与两侧侧缝处单针固定，斜向插针，自上而下做出细小皱褶，一边做，一边在侧缝位置将褶量用珠针固定，褶的大小适中，褶的方向上下均可，褶的方向将沿人体抚平，如图7-1-18所示。预留缝份，剪掉余料，如图7-1-19所示。

图 7-1-18　　　　　　　　　　图 7-1-19

### （四）前后裙子制作

#### 1. 调整衬裙

将现有的裙撑进行调整，将硬纱进行规则褶裥，衬裙的大小要符合裙撑上口围度，然后缝合在裙撑上口固定，如图7-1-20所示。

#### 2. 前裙片样板

利用裙子原型剪开放出法，面料在前中线处45°斜丝向放置，加大摆围。前裙摆围的宽度一般按照面料的幅宽大小决定，这样可以有效利用及节省面料。制作褶纹，用堆褶的方式在裙长的1/2处提推褶，双针固定，如果褶纹自然下垂、达到设计者的要求后，再将褶纹固定在衬裙底布上，如图7-1-21、图7-1-22所示。

小贴示：由于款式的要求，前片为垂浪的设计，制作时应注意垂浪的大小、位置以及下垂的角度，把握好裙下摆的造型。

图 7-1-20

图 7-1-21

图 7-1-22

### 3. 后裙片样板

为了增大裙摆，做出拖尾摆的效果，将后片分4片后中片2片、后侧片2片，即腰省的一边与后中线到底边2 cm连线，与侧缝线构成侧片，腰省的另一边与侧片摆围度的1/3点连线延长，在后中线裙长109 cm处向上13 cm处向外18 cm与腰中心点连线并延长143 cm（后托尾长）构成后片。注意后片与侧片重叠部位的结构特征，裙上口可设几个对称褶裥，达到自己理想要求为可，用黏合胶带粗略确定裙摆弧度，如图7-1-23～图7-1-25所示。

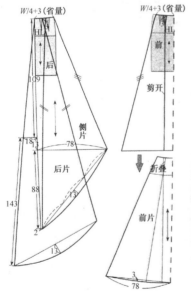
图 7-1-23

图 7-1-24

图 7-1-25

### 4. 调整细节

确定裙片的轮廓线，画顺各部位曲线，连接直线与弧线，注意拼接部位等长，拖尾底边弧线要圆顺，正确标记各裁片位置，把多余缝份清剪，后假缝试穿，合适后再进行缝制。

### （五）胯部花卉制作

#### 1. 粗裁花卉布

根据花瓣的形状，花瓣有大有小，制作花瓣样板也要有大小区分，把花瓣看成无数个半圆组合而成，半圆直径分别为 14 cm、11 cm、9 cm、7 cm、5 cm 等，根据设计者的要求可大可小，协调美观即可，如图 7-1-26 所示。按照纸样把轮廓线绘制在熨烫过衬的布料反面，如图 7-1-27 所示。后在半圆的弧线上，用圆规放出缝份，缝份大小掌握在0.8 cm，如图 7-1-28 所示。绘制的数量要根据制作花朵的多少，每个号型大约剪 50 个，如图 7-1-29、图 7-1-30 所示。

**小贴示**：裁剪花瓣面料，半圆的直径应为 45°斜丝向面料，这样做出来的花型外形才自然，花瓣边沿才饱满。

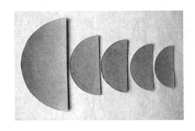 

图 7-1-26　　　　　　图 7-1-27　　　　　　图 7-1-28

图 7-1-29　　　　　　　　　图 7-1-30

#### 2. 制作花瓣

把裁剪好的花瓣分为不同的号型，找出同一号型的花瓣布料，花瓣布料正面与正面相对，按照半圆弧度的净缝线缝合（要求：缝合线要圆顺、两端要打回车线），如图 7-1-31 所示。缝好后把缝份量修剪成 0.3 cm 左右，再对半圆弧度部位进行打剪口，熨烫整理，如图 7-1-32 所示。将半圆正面翻转出来后，把相对应的样板放进后进行熨烫，要求半圆弧度要圆顺，后从中取出样板即可，如图 7-1-33 所示。

**小贴示**：缝制好花瓣后，须打剪口，剪口长约 0.25 cm，剪口扇形宽约 0.1～0.2 cm，不宜过大否则会有棱角，弧线部位不圆顺。

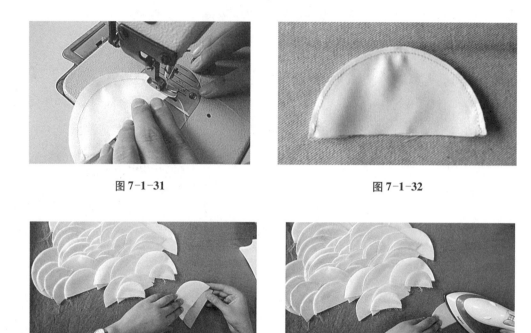

图 7-1-31               图 7-1-32

（1）                （2）

图 7-1-33

### 3. 组合花瓣

将半圆形花瓣直径按照净缝缝合，两端不需要打来回针固定，线头留得略长些，如图 7-1-34 所示。清剪半圆直径多余缝头，清剪后为 0.5 cm 左右，如图 7-1-35 所示。把半圆花瓣熨烫平服后，抓住面线或者底线抽紧，形成细小的碎褶，清剪线头，如图 7-1-36 所示。把花瓣按照花的形状进行缝合，直径小的在内，直径大的在外，一边包裹一边用手针固定，直到满意、美观为止，花朵的大小根据设计来定，如图 7-1-37 所示。在缝好花朵的底端圆的平面毛边处，用同等大的圆把毛边盖住，这样略显光滑、细致，如图7-1-38所示。组合好花瓣，缝合好后效果，如图 7-1-39 所示。

图 7-1-34

图 7-1-35

图 7-1-36

图 7-1-37

图 7-1-38

图 7-1-39

### 4. 缝合花朵

将组合好的花瓣及零散花叶缝合在裙身及裙摆连接处，如图 7-1-40 所示。根据花的形状，用珠针预先固定在合适的位置后，先观看效果，合适后再用手针进行缝合、固定。

（1）

（2）

图 7-1-40　缝合花朵

**小贴示**：在缝合花朵及零散花叶时，在缝合裙片与人台之间，垫入稍硬的卡纸，目的是防止缝住人台，而造成不必要的麻烦。

### （六）整体效果

分别从正面、侧面、背面、观察其整体效果，调整不合适的部分，直至满意为止，如图 7-1-41 ～图 7-1-44 所示。

图 7-1-41

图 7-1-42

图 7-1-43

图 7-1-44

# 第二节  鱼尾型婚礼服立体造型

## 一、款式分析

本款式为鱼尾式婚礼服，胸、腰、臀、膝合体，裙外表为不同面料肌理变化的立体装饰造型，装饰褶按方向排列，块面有所变化。裙摆以不同材质面料的长方形设计，体现婚礼服飘逸的裙摆。面料采用了绸缎、雪纺、棉加莱卡、蕾丝的等不同材质。色彩采用红色的邻近色组合、微妙、夸张地展现服装立体造型的丰富变化。在形式上，采用对称的设计方法，但是不同条状的立体装饰条是不对称设计，使作品整体体现时尚、创新的婚礼服风格，款式如图7-2-1所示。

**学习要点**：学习婚礼服不同材质运用及装饰设计与制作；掌握不同材质面料搭配；把握服装的整体风格和美感的视觉表达。

## 二、材料准备

### 1. 坯布

前身中片长70 cm、宽13 cm的布料两块；前身侧片长70 cm、宽18 cm的布料两块；后身中片长66 cm、宽15 cm的布料两块；后身侧片长66 cm、宽16 cm的

图7-2-1

布料两块；裙下摆长80 cm、宽75 cm的布料八块；装饰条红缎长260 cm、宽6 cm的布料三块；衣身装饰条红色乔其纱长260 cm、宽6 cm的布料三块；衣身装饰条红色水晶纱长260 cm、宽6 cm的布料三块；衣身装饰条红色蕾丝花边长260 cm、宽6 cm的布料三块；裙摆装饰布红缎、乔其纱、水晶纱、网眼纱面料长63 cm、宽18 cm的布料各十块；肩部装饰长16 cm、宽16 cm根据设计若干块；肩带长40 cm、宽6 cm红缎一块，如图7-2-2所示。

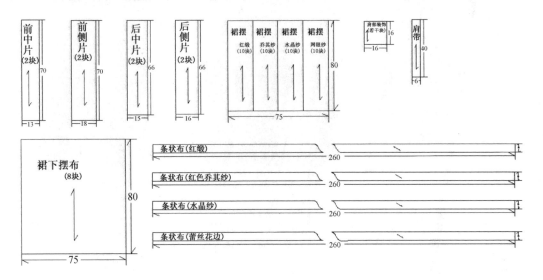

图7-2-2

### 2. 面辅料

面料大身布料为150 cm幅宽的红棉布，用料1.80 m；红缎为150 cm幅宽，用料

3.00 m；乔其纱为 150 cm 幅宽，用料 3.00 m；水晶纱为 250 cm 幅宽，用料 1.50 m；网眼纱为 90 cm 幅宽，用料 3.00 m，如图 7-2-3 所示。

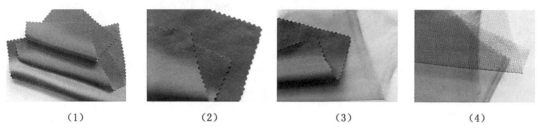

| (1) | (2) | (3) | (4) |

图 7-2-3

## 三、制作步骤

### （一）前后内裙造型

#### 1. 修正人台

先将人台加长，膝部逐步收拢，胸部加上胸垫棉后标出胸围线、公主线。如图 7-2-4 所示。

图 7-2-4　　　　　　　图 7-2-5　　　　　　　图 7-2-6

**小贴示**：立体裁剪时，若人台的下半身长度不满足立体裁剪的需要，则可在人台上用硬纸板接到臀围上，方便下一步制作，如果有全身人台，可采用。

#### 2. 制作前后内衣身

前片分四片，粗裁前身内衣片，在面料上找一条经纱线，将此条经纱线重合或者平行于人台前中线，前中心线上端向内 3 cm 处，单针固定，下端在人台臀围线处，单针固定，纬纱平行于胸围线，前片捏出 1.5 cm 的松量，双针固定松量，如图 7-2-5 所示。点影描线后，取下弧线圆顺、直线顺直，假缝试穿，缝合完成，如图 7-2-6 所示。后片制作步骤同前片，分为四片进行制作，将前后片腰省放进分割线中，使符合人体曲线及造型效果，裙身前片、侧片、后片效果，如图 7-2-7～图 7-2-9 所示。

　　**小贴示**：婚纱裙的下摆进行夸张处理，使裙子的廓型呈喇叭形，下摆展宽点的位置，一般定在膝围线向上 5 cm 的位置，也可根据自己设计向上移位，但不可向下，在这里我们考虑美观的同时得考虑得实用，下摆的展宽量、位置可根据自己设计任意确定。

图 7-2-7　　　　　　　图 7-2-8　　　　　　　图 7-2-9

### 3. 制作前后内裙下摆

　　按照鱼尾型的造型思路考虑，做成上小下大喇叭状，将裙摆分为八片，前后裙摆的上口与前后内衣身接合下口进行拼接，裙片与裙片拼接，每片下口展宽量为 30 cm，展宽量的大小也可根据自己设计而定，只要达到设计要求即可，如图 7-2-10～图 7-2-12 所示。

图 7-2-10　　　　　　　图 7-2-11　　　　　　　图 7-2-12

小贴示：相互拼合的裙片，喇叭口下摆展宽量的大小应相对，否则，立裁出的裙摆会发生扭曲。

图 7-2-13

### （二）前后身表裙造型

#### 1. 标记设计线

按照款式造型图在人台上贴出造型线。造型线在设计时，应通过人体的胸突，这样才有利于合体类造型的塑造。将前、后片都标记到膝围分割线处，注意前后各线条的衔接与整体美观、平衡，如图 7-2-13 所示。

#### 2. 缝制表裙立体布条

将粗裁好的红棉布、红绸缎、乔其纱、水晶纱、蕾丝花边等布条对折制作成 3 cm 净宽，把毛边进行密封边，固定。再把不同材质进行合理搭配摆放、标记好，如图 7-2-14、图 7-2-15 所示。然后再根据不同部位的长短进行截取，或者在进行缝合时，根据不同部位的长短再进行截取。

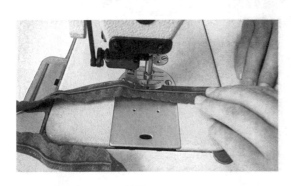

图 7-2-14

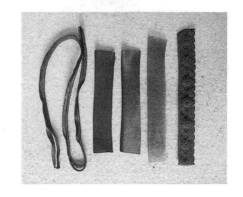

图 7-2-15

小贴示：在制作布条时，布条纱向为 45°斜丝最佳，这样在缝合弧线的部位，不至于出现皱褶，及不平服的现象发生。

#### 3. 缝合表裙立体布条

将制作好的立体布条按它们之间的位置摆放，依次按照贴的标示线的走向缝合在裙片上，如图 7-2-16 所示。缉合有密封边的这一侧，缝份 0.7 cm 左右，在压缉住的前提下，缝份尽量小，接着再缝合第二条，如图 7-2-17、图 7-2-18 所示。

图 7-2-16

图 7-2-17    图 7-2-18

**(三)缝制裙摆装饰布**

粗裁 5 种材质面料（绸缎、乔其纱、水晶纱、蕾丝、网眼纱）裁剪成长 63 cm、宽 18 cm 的布料各 12 块，裙膝围分割线处片与片之间要保持 1 cm 的距离，裙摆片边缘片与片之间保持在 3 cm 距离进行缝合，缝合的这侧要密封边，其余三边不用锁边，这样可以体现出飘渺中带有一些动感，如图 7-2-19、图 7-2-20 所示。

图 7-2-19    图 7-2-20

**(四)上拉链、缝合裙里布**

本款拉链设计在后中线上，下端拉链的位置到臀围线向下 3 cm 处，第一趟将拉链先缝合在后中面料正面净缝线上；第二趟线是将面料与里料正面相对，面料在上，里料在下缝合，按照第一趟线的反面再把里布车缉住，另一侧和这侧相同的方法，把拉链缉合在裙片上，如图7-2-21、图7-2-22所示。

图7-2-21　上拉链　　　　　　　　　　　图7-2-22　缝合裙里布

### （五）整体效果

肩部装饰单肩条宽3 cm，长约16 cm，装饰布片以大身的装饰布面料来装饰，也可根据设计搭配制作，分别从正面效果，如图7-2-23所示；侧面效果，如图7-2-24所示；背面效果，如图7-2-25所示；观察其整体效果，调整不合适的部分，直至满意为止。细节效果，如图7-2-26所示。

图7-2-23　　　　　　图7-2-24　　　　　　　　图7-2-25　　　　　　　图7-2-26

# 第三节　蓬裙型婚礼服立体造型

## 一、款式分析

本款婚礼服为蓬裙型设计，整体俏皮、浪漫，上身合体下身蓬松波浪、褶裥设计。将中国元素融入到婚礼服中，在上身分割线中加入滚边设计，以云肩、立领，展示了中国元素滚边工艺。本款婚礼服面料的搭配也是独具匠心，衣身是由黄色缎料制作，裙摆以多层水晶纱采用同色系、不同质感、不同厚薄的面料来搭配设计，款式如图7-3-1所示。

**学习要点**：掌握衣身与裙子的结构比例关系以及波浪裙的结构；学习滚边设计与制作，掌握面料搭配要点。

## 二、材料准备

### 1. 白坯布

前中布长 36 cm、宽 24 cm 布料一块；前侧片布长为 28 cm，宽为 16 cm 布料两块；后中片布长 18 cm、宽为 15 cm 布料两块；后侧片布长为 20 cm、宽为 15 cm 的布料两块；衬裙长 56 cm、宽为 112 cm 布料两块；云肩直径为 52 cm 布料 4 块；领片长为 42 cm、宽为 9 cm 布料两块。标记好基准线，如图7-3-2所示。

图7-3-1

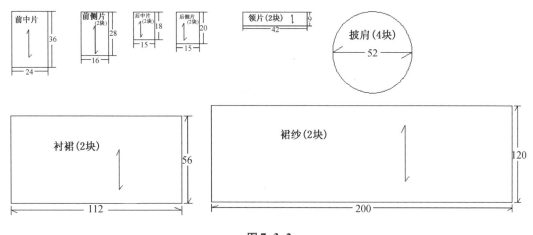

图7-3-2

### 2. 面辅料

上身面料幅宽为 2.2 m 的印花绸缎，用料 1 m。裙摆面料幅宽为 2 m 的黄色水晶纱，用料 4 m；辅料为半成品滚条用料约长为 3 m，两层钢圈裙撑一个、胸垫两个。面料小样，如图 7-3-3 所示。

图 7-3-3

## 三、制作步骤

### （一）前身造型

#### 1. 修正人台

为满足胸部造型，胸部加上胸垫棉后，再用黏合胶带标出胸围线、公主线，款式分割线、领口线等，标记好设计线后，检查曲线圆顺流畅。如图 7-3-4、图 7-3-5 所示。

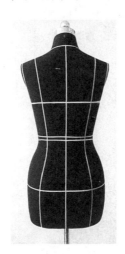
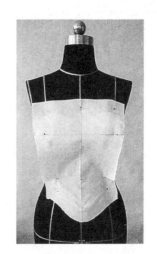

图 7-3-4　　　　　　　　图 7-3-5　　　　　　　　图 7-3-6

#### 2. 披前中布

将粗裁好的衣片布料，前中布的前中线、胸围线对合人台上前中线与胸围线，单针固定，斜针插入，按照设计线加放缝份，清剪多余布料，如图 7-3-6 所示。

#### 3. 披前侧布

将前侧布料横向基准线对合胸围线，纵向基准线与前中线平行或与地面垂直，纵向基准线在胸围线处，捏出 1 ～ 1.5 cm 松量，双针固定，按照设计线加放缝份 2 cm，清剪多余布料，观察其效果，如图 7-3-7 所示。

#### 4. 前中布与前侧布对合

将前中布与前侧布对合，须微调整理松量及平衡，标记好轮廓线，清剪多余布料，如图 7-3-8 所示。

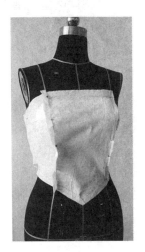

图 7-3-7　　　　　　　　　　　　图 7-3-8

#### （二）后身造型

#### 1. 披后中布与后侧布

将布料的横向基准线对准胸围线，纵向基准线对准后中线，单针固定，斜针插入，再在分割线处留出缝份约 5 cm，双针固定，按照设计线加放缝份，剪掉多余布料。如图 7-3-9、图 7-3-10 所示。

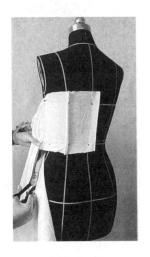

图 7-3-9　　　　　　　　　　　　图 7-3-10

#### 2. 剪开纵向分割线

将纵向分割线的折边缝份剪开，清剪多余缝份，留出 2 cm 缝份，如图 7-3-11、图 7-3-12 所示。

 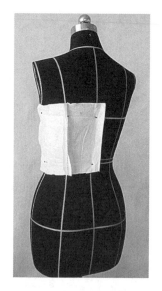

图 7-3-11          图 7-3-12

## （三）上身整体造型

### 1. 坯布纸样

将白坯布展成平面，确定轮廓线，如图 7-3-13 所示。

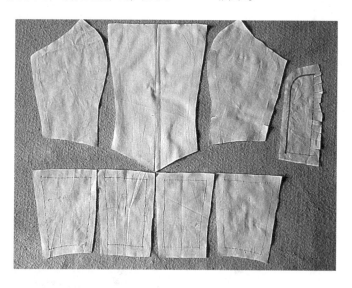

图 7-3-13

### 2. 准备、缝合滚边

将半成品的滚条缝合在衣料的分割线净缝线上，按照缝份的长短进行缝合，后进行截取，如图 7-3-14、图 7-3-15、图 7-3-16 所示。

**小贴示：** 缝合滚边条时，滚条内的棉绳粗细，根据款式定，滚条宽约 1 cm，采用单边压脚缝合，滚条会更加饱满外观效果好。

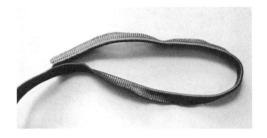

图 7-3-14

图 7-3-15

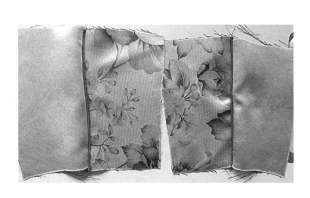

图 7-3-16

图 7-3-17

### 3. 衣身效果

缝合好后穿于人台上，进行微调整理，如图 7-3-17 所示。

### （四）前后裙造型

### 1. 披前里裙布

将裙片前中布对准人台前中线，根据前腰部分割线，从前中线处开始，裁剪腰口一边用手提褶，一边剪剪口，剪口不要超过腰线以内，且要均匀，腰间不要有褶裥，留足缝份，单针固定，斜针插入，前中片裙摆的大小根据款式设计，如图 7-3-18 所示。根据设计线，确定侧缝，由于本款是斜裙，下摆围度要大于裙撑围度，前中缝、侧缝、后中缝留有一定的下摆放宽量，满足裙的外观效果，清剪多余布料，留出缝份，如图 7-3-19 所示。根据款式设计，确定裙摆围度，可用珠针或者黏合胶带标记，弧度圆顺，大小要满足裙外观造型，内裙长短于成品裙长 10～15 cm 固定，放出缝份，清剪多余面料，如图 7-3-20 所示。

图 7-3-18              图 7-3-19              图 7-3-20

## 2. 披后里裙布
方法同前裙片。
## 3. 前内裙布与后内裙布对合
将两片前中布、前侧布、后中布、后侧布对合，留出安装拉链的部分，其余缝进行缝合，调整松度、长短及平衡，组合好后装于人台上，调整效果，如图 7-3-21、图 7-3-22 所示。

**小贴示：**为了试样的完整性，一些对称款式的服装，左右片同时制作。方法为主要立裁一边，另一边不操作或粗略修剪另一边结构，平面整理时再对称拓印和修剪另一边的结构。

图 7-3-21              图 7-3-22

### 4. 制作外裙

用黄色水晶纱布制作，腰部做规则褶，将黄色水晶纱缝合在内裙的裙腰间，面料的反面对合内裙的正面进行缝合，如图 7-3-23 所示。前片分割线根据造型剪掉多余量，裙长需要比成品裙长 15～20 cm，为形成"灯笼"形状所必须的回转量，如图 7-3-24 所示。

图 7-3-23

图 7-3-24

### 5. 外裙底边

将外裙底边提转，面料的正面与内裙反面按照缝份进行缝合，褶裥要均匀，设置碎褶与裙里布底边别合，校验调整"灯笼"造型，如图 7-3-25、图 7-3-26 所示。

图 7-3-25

图 7-3-26

**（五）制作云肩、领子造型**

**1. 粗裁云肩、领子**

裁剪直径为 52 cm 的圆形，在以其中心为圆心剪掉周长为 38 cm 的颈根围度的一半的圆，即一个圆周长是颈根围度的一半，剪两个圆，如图 7-3-27 所示。领子，确定好颈围线，立裁立领领下口弧线，一边裁剪，一边单针固定，剪口大小要适中，确定领宽，领宽 4.5 cm，领外口线要留有一定的松量，约能插进一根指头的松量，如图 7-3-28 所示。

**小贴示**：颈围围度为 38 cm，即利用公式：周长公式 = $2\pi r$ = 直径 × 圆周率

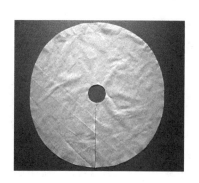

图 7-3-27

图 7-3-28

**2. 制作领子**

将坯布领样展成平面，确定轮廓线后裁剪面料，裁剪两片，如图 7-3-29 所示。缝制领外口边滚条，按照净缝线缝制半成品滚条，将滚条缝制在领面的外领口线上，再把领里与领面按照净缝线进行缝合，如图 7-3-30 所示。修正剪口，缝份修剪成 0.7 cm，在两端弧度处剪剪口，每个剪口的量要小，剪口与剪口之间距离要小，如图 7-3-31 所示。将正面翻折出，整理后熨烫，如图 7-3-32 所示。组合后穿于人台，校验调整效果，如图 7-3-33 所示。

图 7-3-29

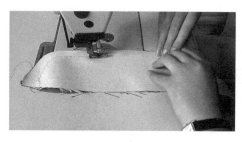

图 7-3-30

图 7-3-31

| 图 7-3-32 | 图 7-3-33 |
|---|---|

### 3. 制作云肩

将坯布展成平面，确定轮廓线，裁剪四片面料，左右各两片，后中有中缝，云肩边沿缝制滚条，要求云肩边沿弧线要圆顺缝头大小要一致，如图 7-3-34 所示。组合后穿于人台上，校验调整效果，如图 7-3-35 所示。

| 图 7-3-34 | 图 7-3-35 |
|---|---|

### 4. 组合领子与云肩

将领底口弧线与领圈线缝合，缝份要圆顺、合理，组合后穿于人台上，校验调整效果，如图 7-3-36 ~图 7-3-38 所示。

**小贴示：** 领口处由于是颈部与肩部的曲面转折，面料铺在上面时会不平服，可以通过打剪口的方式来解决。

| 图 7-3-36 | 图 7-3-37 | 图 7-3-38 |
|---|---|---|

### （六）整体效果

钉上装饰扣后，分别从正面、侧面、背面、观察其整体效果，调整不合适的部分，直至满意为止，如图 7-3-39 ～图 7-3-42 所示。

图 7-3-39

图 7-3-40

图 7-3-41

（1）

（2）

图 7-3-42

第八章

# 创意礼服立体裁剪

# 第一节　创意礼服设计原理

创意礼服是经过设计师创意构思设计出的作品，作为礼服的一种类别，与其它礼服的区别之处就在于其"功能性"。昼礼服、晚礼服、婚礼服等通常都拥有其各自具体的功能属性，穿着目的性也较强，在不乏创意的基础上，属于更倾向于大众的消费品。创意礼服然则更注意强调其独创性、艺术性和人文性，彰显个性美，属于更倾向于小众的消费品，但归根结底创意礼服也是礼服的一个分支，终究离不开礼服的根本属性。

## 一、创意礼服款式造型设计

### （一）既定形态的创意礼服

既定形态是指具有理性、规则性的几何结构造型。主要强调对称、渐变、比例、统一等形式的审美原理，在服装设计中注重强调形体结构的三维空间感，在规律中寻求一种新的变化。既定形态的创意礼服也包括由一些正统或者约定俗成的服装形态，如 X 型、Y 型、H 型等形态衍生的款式造型。如图 8-1-1（郭培作品）、图 8-1-2（Iris Van Herpen 作品）所示，即根据字母几何形态加以变形的创意礼服设计。

图 8-1-1　　　　　　　　　　　　　　　图 8-1-2

此外，既定形态的创意礼服可以单纯的从字母、图形上获取灵感，通过对称形态进行结构组合，产生不同的风格造型，也可以在局部或者细节加入省、褶、皱等工艺装饰，或者从服装的材料及色彩等方面进行艺术再造。如图 8-1-3（Frida Giannini 作品）、图 8-1-4（凌亚丽作品）所示。

图 8-1-3　　　　　　　　　　　图 8-1-4

### （二）非既定形态的创意礼服

礼服的非既定形态通常指礼服所具有的不规则造型结构，比如披挂式的表现手法，可以在舞台展现多种意想不到的创意效果。就服装的款式造型来说，非既定形态的礼服设计更能表现创意礼服区别于常规礼服的不同之处。

由于非既定形态的礼服在形态和结构线上不易界定，所以在创意设计方面往往表现出更多的随机性和不确定性，其非既定形态设计可以从生物形态出发，在具象仿生和抽象仿生规律中获得，并运用立体裁剪方式对其进行构造，如图 8-1-5（Iris Van Herpen 作品）、图 8-1-6（郭培作品）所示。非既定形态的创意设计不仅频繁出现在设计师新品

图 8-1-5　　　　　　　　　　　图 8-1-6

发布会或舞台服装表演场所，也较多出现在国内外大型服装设计比赛中，通过特殊的视觉效果吸引消费者对品牌的关注，或传达某些深刻的服装哲学理念。如图8-1-7为汉帛奖服装设计大赛作品，该组设计作品为典型的非既定形态礼服设计，无分明的结构线，随意无规律的搭配组合及披挂式的穿着方式突显了服装的非既定形态特征。

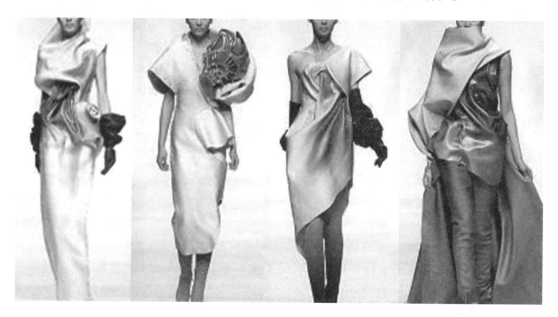

图8-1-7

## 二、创意礼服面料的再设计

### （一）面料创新与再造的灵感来源

#### 1. 自然环境

现代社会的工业化强度以及快节奏的生活方式激起了人们对宁静生活的美好回忆，回归自然这一设计理念被广泛用于设计领域中，在服装材料艺术创造中表现得尤为突出。大自然中存在着千姿百态、风光绮丽的自然景观，其中富有生命力的色彩、形状、肌理、纹路等都为服装材料的艺术表现带来丰富的灵感，当然这种表现并非外形模仿，而是汲取自然状态中最具活力的那部分，加以扩展和延伸进行创造运用。

此外，自然环境不断的恶化，也使材料艺术中环保的理念得到了更多的体现。如图8-1-8用木质纤维及亚麻材料设计的斑驳拉草裙，体现了人与自然的融合。

图8-1-8

### 2. 姊妹艺术风格

在姊妹艺术的风格影响之下，尤其是后现代主义风格的影响，服装材料艺术的选用得到了极大的拓展，形成了视觉多元化的设计理念。

（1）欧普艺术：充分利用了人们视觉上的错视感，条、格、点、纹样以及绚烂的颜色渐变被广泛运用到了服装面料的设计当中，基于平面构成强烈的立体、运动的效果，如图8-1-9所示。

（2）波普艺术：是商业艺术或者广告艺术的同义词，大众视觉图像的拼贴组合作为一种全新的图案被广泛运用到服装领域。大量借鉴通俗文化，将人物、花卉、图案重组后印在服装面料上，成为波普艺术的基本手段之一。如图8-1-10、图8-1-11所示（Jinggy作品）。

图 8-1-9

图 8-1-10

图 8-1-11

（3）涂鸦艺术：作为新媒体艺术，使视觉信息的数字——图像化概念，深深影响到服装设计领域的方方面面，使服装面料呈现出最为率性稚拙的返璞归真，如图8-1-12所示。

### 3. 历史文化传统

东西方各民族的历史文化差异和不同的习俗使得世界变得丰富多彩。服装设计师不停地从世界的各个角落发掘灵感，各民族的文化已经渐渐成为人类共有的财富。历史文化传统在服装面料艺术中的运用，体现了民族多元化的理念，拓展了材料艺术的设计思路，增添了服装作品的文化底蕴，使时代性与多样性并存。如图8-1-13、图8-1-14（加利亚诺作品）所示。

图 8-1-12

图 8-1-13

图 8-1-14

### （二）创意礼服的面料肌理再造

服装面料再造即服装面料艺术效果的二次设计，是为了提升服装以及面料的艺术效果，针对服装创意设计方案进行的有方向性的面料创意设计。它结合服装款式特点，将现有服装面料视为半成品，使用新的工艺和技术手段改变现有面料的外观风格，从而更好提高其艺术品质与艺术效果，将面料本身具有的美感发挥到极致。

主要手法包括：

1. 印花、手绘，如图 8-1-15 所示的三宅一生作品。

2. 面料变形设计，如图 8-1-16 所示，为青年设计师凌雅丽作品。

3. 贴花刺绣，如图 8-1-17 所示。

4. 拼接、叠加，如图 8-1-18 所示。

图 8-1-15

图 8-1-16

图 8-1-17

图 8-1-18

## 三、创意礼服色彩与装饰设计

如果说创意礼服的款式与造型是礼服的基调，那么礼服的配色与装饰就是礼服精彩的燃爆点，它们对创意礼服的设计表现起到了画龙点睛的作用，让创意礼服有了灵动之气。

在色谱中色彩是固定不变的，我们虽然没有办法创造颜色，但可以通过颜色的运用创造一种新的视觉感官效果，再通过装饰的巧妙运用将创意发挥到极致。

### （一）创意礼服的色彩

服装色彩是服装感观的第一印象，有着极强的吸引力。相对于服装的的款式细节、图案、花纹、装饰等要素而言，色彩有着先入为主、先声夺人的地位和重要性，是最容易打动人的。因此，创意礼服设计中，惊艳的视觉效果是必不可少的，冲击眼球的效果可以增添服装的戏剧效果，而对色彩的把握程度往往制约了一件礼服的成败。

色彩有冷和暖两个明显区别的心理群，即寒冷感和温暖感。它对人的精神、情绪和行为的影响力始终客观存在。当你在寒冬走进橙红色调的房间会有一种温暖之感油然而生。盛夏走近蓝、白冷色调的厅室会有凉爽清新之感。

#### 1. 红色礼服

红色礼服纯度高，注目程度高，刺激作用强。其高纯度色彩的心理感觉为热烈、热闹、艳丽、活泼、喜气洋洋之感，是旺盛的、能动的，具有较高的强度和弹力。中纯度形成的红色系则给人以圆满、健康、温和、甜蜜、优美、娇柔之感，如图 8-1-19 所示。

| （1） | （2） | （3） |

图 8-1-19

#### 2. 橙色礼服

橙色礼服注目度同样很高。既有红色的热情又有黄色光明的特性。

高纯度的色彩带给人的心理感觉为阳光、火焰、温暖、华丽、甜蜜、兴奋、饱满、力量充沛等。中纯度的色彩则给人以温暖、暖和、柔软、轻巧、祥和的心理，如图 8-1-20 所示。

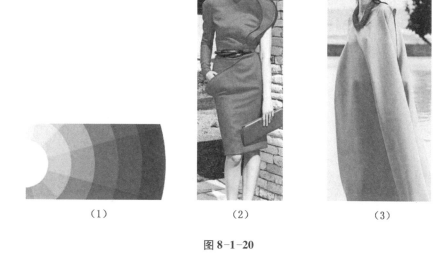

（1）　　　　　　　　　（2）　　　　　　　　　（3）

图 8-1-20

### 3. 黄色礼服

黄色在有色彩的纯色中明度最高，黄色礼服给人的明视度很高、注目性高。

高纯度色彩的礼服带给人的心理感觉为明朗、活泼、轻快、自信、贵重或富于心计等，并给人以娇嫩、芳香和甜美的香酥感；中纯度的色彩会给人以单薄、可爱、幼稚等心理；低纯度的色彩则给人以不健康、病态、顽皮的心理感觉，如图 8-1-21 所示。

（1）　　　　　　　　　（2）　　　　　　　　　（3）

图 8-1-21

### 4. 绿色礼服

绿色的明视度为中等，刺激性不大，因此，绿色礼服在色彩上带给人的生理和心理作用极为温和。

　　高纯度的绿色礼服带给人自然、和平、可靠、信任、有安全感的心理感觉；中纯度的绿色礼服给人以清淡、宁静、舒展、爽快的心理，如图 8-1-22 所示。

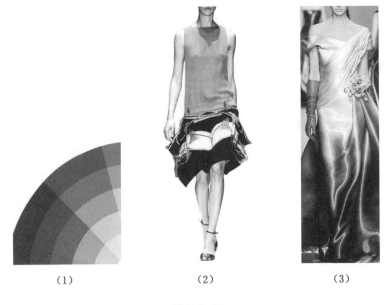

（1）　　　　　　　　　　（2）　　　　　　　　　　（3）

**图 8-1-22**

### 5. 蓝色礼服

　　蓝色的明视度及注目性都不太高，因此，高纯度的蓝色礼服带给人的心理感觉为天空、大海、无限、冷静、理智、寒冷、遥远、简朴等；中纯度的蓝色礼服则给人以清淡、轻柔、高雅的心理，如图 8-1-23 所示。

（1）　　　　　　　　　　（2）　　　　　　　　　　（3）

**图 8-1-23**

### 6. 紫色礼服

紫色明度最低，注目性也较低。高纯度的紫色礼服带给人的心理感觉为娇媚、神秘、魅力、高贵或自傲的心理；中纯度的紫色礼服则给人以女性化的温柔、清雅、羞涩的心理，如图 8-1-24 所示。

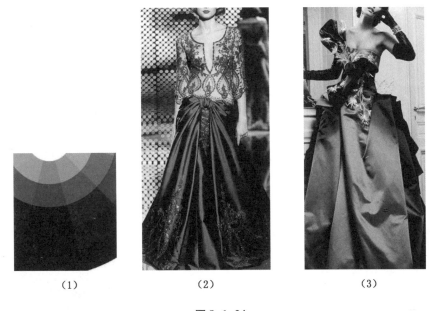

(1)                    (2)                    (3)

**图 8-1-24**

### 7. 白色礼服

白色明度在颜色中最高，明视度、注目性也很高。由于白色礼服是全色相色，因此带给人的心理感觉为洁白、清白、干净、纯洁、明快、神圣等，如图 8-1-25 所示。

**图 8-1-25**

### 8. 黑色礼服

黑色也是全色相色。黑色的明度在颜色中最低，注目性也低。黑色礼服带给人的心理感觉为黑夜、悲哀、恐怖、死亡、沉默、坚硬、刚正、忠毅等，如图 8-1-26 所示。

图 8-1-26

### （二）创意礼服色彩的收集

### 1. 从自然中获取灵感

大自然是人类创作活动中取之不竭、用之不完的灵感宝藏，自然中的颜色包罗万象，将植物、动物或景物中的色彩提取，成功运用到服装设计中的范例很多。

（1）提取动植物色彩

自然中的植物、飞禽走兽以及各类昆虫的斑斓色彩可以给人以无限的想象创意空间，如图 8-1-27 所示。

图 8-1-27

（2）天空海洋山川大地，各种自然现象中的色彩也是千变万化的，借鉴自然形态进行创意设计时，要注意对自然色彩的提炼、概括和重构，"感物吟志，莫非自然"，成功的关键还是在于设计者独特的慧眼。如图 8-1-28（Jeremy Scott Spring 2010）所示。

### 2. 从其他艺术形式中提取颜色

艺术都是相通的，服装设计与其他种类的艺术形式也有着触类旁通的关联性。

（1）从绘画中提取

绘画作为一种视觉艺术，一直没有停止过对于服装设计的影响，服装设计中的新风格、新形式、很多都是从绘画中得到素材而增添服装面料本身的魅力和艺术内涵的。如图 8-1-29。

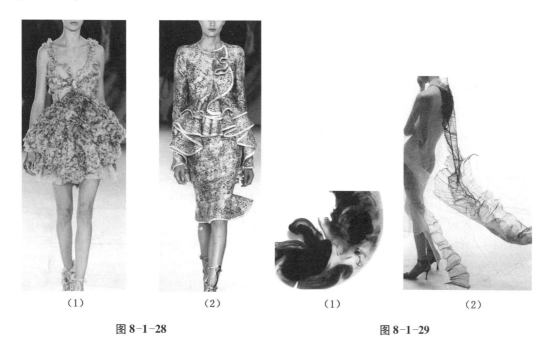

| （1） | （2） | （1） | （2） |

图 8-1-28　　　　　　　　　　　　　图 8-1-29

（2）从装饰中提取

艺术来源于生活，在日常生活的装饰品中也可以捕捉到礼服设计的灵感，装饰性的瓷瓶（如图 8-1-30 所示 On Aura Tout 09 春夏高级定制）、窗户上的剪纸（如图8-1-31 Marchesa 2011—12 秋冬系列）、糖果的包装、仿古做旧的家具等，这些都可以成为创意礼服色彩收集的源泉，艺术设计要有以小见大的视角，服装设计更是如此。

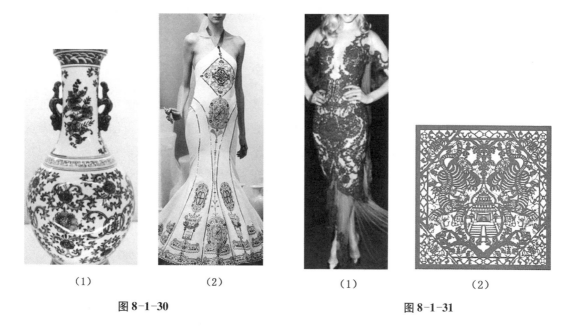

| （1） | （2） | （1） | （2） |

图 8-1-30　　　　　　　　　　　　　图 8-1-31

### （三）创意礼服的色彩与风格

设计风格是设计的所有要素统一之后形成外观效果，具有明确的倾向性，单一的色彩以及多种色彩的组合明确了这种倾向性，会营造一种特定的着装氛围。

（1）典雅风格及其色彩

东西方古典风格包括文艺复兴、巴洛克、洛可可、新古典主义等。在服装中它们体现着历史的浑厚记忆与文化的底蕴。他们大多运用和谐、对称、完整鲜明的法则去突出典雅、端庄的风格，颜色大多使用米色、黑色、粉色，就创意礼服来说虽然颜色较为单一但可以通过款式的全新变化达到现代与典雅的和谐。

（2）浪漫风格及其色彩

浪漫主义风格服装是将浪漫主义的精神应用在服装设计中形成的一种风格。在服装史上，1825～1850年间欧洲女性推崇这种风格，也就是所谓的浪漫主义时期。浪漫主义风格的服装表现广泛，多以变化丰富的浅色调为主，有粉色、白色、黄色、紫色等小清新的颜色。浪漫主义风格反对刻板、僵化，追求一种朦胧、宁静、清雅之美，礼服上多用色彩柔美的褶边、羽毛、刺绣等装饰。

（3）民族风格及其色彩

民族风格的色调普遍都极为鲜艳，色彩搭配丰富、鲜明，很少运用单一的色彩，用色大胆，纯色较多，所以经常用黑色作为调和。同时也常应用中国、印度、非洲的民族元素作为色彩设计的灵感来源，我们也从中可以发现该民族的人文特点，这也就是民族风格创意礼服的神奇之处。

（4）前卫风格与服装色彩

前卫风格表现自我个性，打破传统约束，追求新奇叛逆，大胆运用不和谐的、或反常规的色彩以及搭配因素，创造出神秘怪异的效果。服装色彩也是主要以黑色、闪电蓝、银色、等金属感现代感很强的色彩，前卫风格更适合表现创意礼服的独到之处。

# 第二节　创意礼服立体裁剪实例

创意礼服的设计通常是以日常礼服为基础样式进行创意和改造，既可以呈现高雅脱俗的礼服风格，也可以带着不羁、轻松、怪诞的色彩，增强其艺术感。创意礼服的表现手法主要包括：通过改变常规礼服的款式造型，选择特殊材质的面料，对面料肌理的再造，对礼服色彩进行全新的整合，以及通过特殊的装饰等，以此突显礼服的独创性和特殊性。

## 一、以造型为主题的创意礼服立体裁剪

### （一）款式分析

款式造型，如图8-2-1所示。上身部位由多层渐变色草帽的宽帽檐搭叠而成，利用

帽檐的波浪造型形成动感效果，下身部位是有层次感的透明而有张力的纱裙，圆形草帽顶作为装饰错落有致地分布在前胸、后背及纱裙上，增加了服装的韵律感。整体风格无论从造型、材质或色调等方面都颇具艺术感。

图 8-2-1

### （二）材料准备

需要准备材料主要有：胸垫一副、宽檐草帽若干、纱料、大头针、标示带、定位笔、剪刀 1 把、服装专用尺 1 把、针线，熨斗、针线等。

### （三）制作步骤及完成效果

1. 在人台上标示内衬裙轮廓，并制作内衬裙，如图 8-2-2、图 8-2-3 所示。（注：上身部分采用无弹力的面料，下身部分采用透明有张力的纱料，纱料用两层）

图 8-2-2

图 8-2-3

2. 如图 8-2-4 所示，裁剪两块边长为 155 cm 的正方形纱料，分别沿对折线抽缩纱料，抽缩止点为距离对折线两端 30 cm，抽缩后长度为 20 cm。分别缝制在裙身腰部的两侧，如图 8-2-5 所示。

3. 选择四种渐变色草帽若干，将草帽顶剪下，如图 8-2-6 所示。

4. 将剪开的帽檐部分在衣身上做造型，颜色由浅至深，利用草帽的波浪效果，一层一层固定在衣身上。如图 8-2-7、图8-2-8所示。

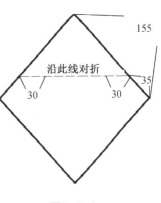

图 8-2-4

图 8-2-5　　　　　　　　　图 8-2-6

图 8-2-7　　　　　　　　　图 8-2-8

5. 设计衣身造型的同时，将圆形帽顶不规则的固定在前胸、后背及纱裙上。如图 8-2-9～图 8-2-12 所示。

图 8-2-9　　　　　　　　　图 8-2-10

图 8-2-11　　　　　　　　　图 8-2-12

6. 再将圆形帽顶不规则的固定在纱裙上。调整帽檐及裙摆，完成整体造型。

最后效果：正面，如图 8-2-13 所示；侧面，如图 8-2-14 所示；背面，如图 8-2-15 所示。

图 8-2-13　　　　　　　　图 8-2-14　　　　　　　　图 8-2-15

## 二、以装饰为主题的创意礼服立体裁剪

### （一）款式分析

款式造型如图 8-2-16 所示，外轮廓呈 X 型，上身部分为合体的胸、腰造型，下身部分为经过抽缩的手绘的多层薄纱裙，不规则的底摆设计呈现出活泼而有动感的效果，整体风格优雅而富有创意，既体现了女性人体曲线美，又表现出浓浓的艺术气息。

### （二）材料准备

需要准备材料主要有：胸垫一副、纺织染料一盒、纱料、大头针、标示带、定位笔、剪刀、服装专用尺、针线、熨斗、针线等。

### （三）制作步骤及完成效果

1. 在人台上标示出衣身轮廓，并作出紧身上衣。如图 8-2-17 所示。

2. 裁剪四块边长为 155 cm 的正方形纱料，作为裙身部分，在纱料的一个角上用纺织染料绘制图案，如图 8-2-18 所示。因纱料纱织密度小，故绘制图案时需要加衬纸或使纱料悬空。

图 8-2-16

3. 将四块绘制好图案的纱料进行对折并抽缩。分别沿对折线抽缩纱料，抽缩止点为距离对折线两端 30 cm，抽缩后长度为衣身下摆的四分之一，如图 8-2-19 所示。

4. 每块纱料作为四分之一的裙身，将抽缩好的纱料与衣身缝合，如图 8-2-20、图 8-2-21、图 8-2-22 所示。

图 8-2-17

图 8-2-18

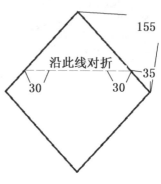

图 8-2-19

图 8-2-20　　　　　　　　　　图 8-2-21　　　　　　　　　　图 8-2-22

5. 在衣身的腰部用纺织染料直接绘制图案，如图 8-2-23 所示。

6. 调整裙身，添加胸部装饰，完成整体造型。正面效果，如图 8-2-24；侧面效果，如图 8-2-25 所示。

图 8-2-23　　　　　　　　　　图 8-2-24　　　　　　　　　　图 8-2-25

## 三、非服用材料的创意礼服立体裁剪

### （一）款式分析

款式造型，如图 8-2-26 所示。以黑、黄两色薄卡纸裁成的长条创意地设计为韵律感十足的小礼服。整体造型为连体不对称单肩结构，略收腰，腰带为镂空图案设计，颈肩部位和不规则的裙摆部位均设计了卷曲的纸条造型，突出了创意和动感，增添了俏皮可爱的风格特点。

### （二）材料准备

需要准备材料主要有：黑色和黄色薄卡纸若干张、硬网眼衬纱料、铁丝、壁纸刀、大头针、标示带、定位笔、剪刀、服装专用尺、针线，熨斗、针线等。

### （三）制作步骤及完成效果

1. 用铁丝制作下身造型框架，覆上一层黑色硬网眼衬，如图 8-2-27 所示。

2. 取黑色和黄色薄卡纸各一张，长为 150 cm，宽为腰围长 +2 cm，从中间留出 5 cm 的宽度（作为腰部）向两侧画直线，直线间距离为 1 cm，沿直线剪开（两张纸方法相同），如图 8-2-28 所示。

3. 在黑色薄卡纸腰部位置画上图案，并用壁纸刀镂空处理；将黑卡纸放在黄卡纸上，用胶水固定。如图 8-2-29 所示。

图 8-2-26

图 8-2-27

图 8-2-28

图 8-2-29

4. 将处理好的黑黄相间的卡纸，在腰部放置好，并固定如图 8-2-30 所示。然后处理上半身造型，并用胶水固定，如图 8-2-31 所示。

5. 用粗细两种笔杆卷曲颈肩部的纸条，卷曲前，如图 8-2-32 所示；卷曲后，如图 8-2-33 所示。

图 8-2-30

图 8-2-31

图 8-2-32

图 8-2-33

6. 继续用粗细两种笔杆卷曲腰身以下的纸条，如图 8-2-34、图 8-2-35 所示。底摆处的纸条留出 5 cm 用于卷曲造型，最后达到如图 8-2-36 的效果（后侧的制作方法与前侧相同。）

图 8-2-34

图 8-2-35

图 8-2-36

7. 在裙左侧加入长纸条，并做卷曲造型，调整卷曲的纸条，以达到如图 8-2-37、图 8-2-38 所示的造型效果。

图 8-2-37

图 8-2-38

## 四、学生作品欣赏

图 8-2-39

图 8-2-40

图 8-2-41

图 8-2-42

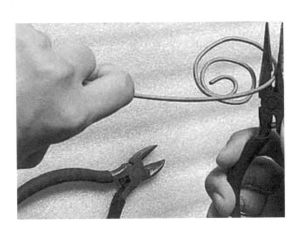

图 8-2-43

图 8-2-44

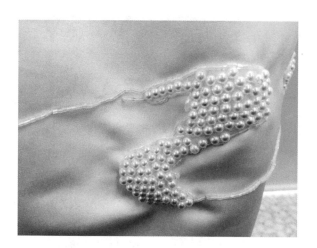

图 8-2-45

图 8-2-46

图 8-2-47

图 8-2-48

图 8-2-49

图 8-2-50

图 8-2-51

图 8-2-52

图 8-2-53